高等职业教育新目录新专标
电子与信息大类教材

人工智能数学基础

杨和稳　主　编

吴文娟　王珊珊　副主编

应文俊　主　审

电子工业出版社·

Publishing House of Electronics Industry

北京·BEIJING

内 容 简 介

本书从人工智能数学建模入手，全面介绍人工智能应用中涉及的数学基础知识，主要包括微积分学初步、线性代数、概率论与数理统计、最优化理论、随机过程、插值与回归，重点介绍基本概念、基本原理及计算，其中涉及的计算大部分由 Python 实现。同时，本书理论与实践相结合，结合具体案例，介绍如何运用这些数学基础知识来实现人工智能应用中的建模及求解。

本书既可作为人工智能类专业教材，又可供其他专业学生学习数学基础知识，同时可作为广大科技工程人员进一步了解数学知识的参考教材。

图书在版编目（CIP）数据

人工智能数学基础 / 杨和稳主编. —北京：电子工业出版社，2023.2
ISBN 978-7-121-44974-1

Ⅰ. ①人… Ⅱ. ①杨… Ⅲ. ①人工智能—应用数学—高等学校—教材
Ⅳ. ①TP18②O29

中国国家版本馆 CIP 数据核字（2023）第 017551 号

责任编辑：左　雅　　　　　特约编辑：田学清
印　　刷：山东华立印务有限公司
装　　订：山东华立印务有限公司
出版发行：电子工业出版社
　　　　　北京市海淀区万寿路 173 信箱　　邮编：100036
开　　本：787×1092　1/16　印张：12.25　字数：313.6 千字
版　　次：2023 年 2 月第 1 版
印　　次：2025 年 8 月第 6 次印刷
定　　价：45.00 元

凡所购买电子工业出版社图书有缺损问题，请向购买书店调换。若书店售缺，请与本社发行部联系，联系及邮购电话：(010) 88254888，88258888。
质量投诉请发邮件至 zlts@phei.com.cn，盗版侵权举报请发邮件至 dbqq@phei.com.cn。
本书咨询联系方式：(010) 88254580 或 zuoya@phei.com.cn。

前　　言

近年来，人工智能技术发展异常火爆，其应用已渗透到社会各行各业，人工智能正迎来发展的黄金期。人工智能人才社会需求量极大，目前各院校都在加速人工智能人才的培养。但人工智能作为新专业，各院校在课程体系及配套资源建设方面都还在积极探索。目前已形成共识的是：在人工智能领域，无论是大数据处理、机器人、语音识别，还是图像识别、自然语言处理，都离不开数学。这些研究及应用都建立在一定的数学基础之上，因而，要想在人工智能的研发及应用领域走得更远，一定要有一个扎实的数学基础。

由于数学学科理论性强，运算较为复杂，数学公式看着也让人很头疼，许多同学对数学产生了畏惧心理。同时，各高职高专院校开设的数学课程基本上只讲授一元微积分部分，这远远不能满足人工智能技术应用、大数据技术应用等相关专业所需理论基础的要求。

根据目前高职高专学生的特点及专业课程体系的要求，为帮助大家快速掌握人工智能学习所依赖的数学知识，提高对数学知识及数值计算工具的理解与应用，为后续专业课程的学习打下扎实的数学基础，本书编写团队特地编写了本书。本书重点介绍人工智能最常用、最基本的数学知识，主要包括人工智能数学建模、微积分学初步、线性代数、概率论与数理统计、最优化理论、随机过程、插值与回归，并和工程案例紧密结合在一起，对于复杂的数学知识，给出通俗易懂的解释，帮助大家快速夯实数学基础。本书的绝大部分计算以 Python 进行编程代码演示实现，这样既提升了学生的编程能力，又提高了学生学习数学的兴趣，为以后的机器学习、深度学习、人工智能视觉、自然语言处理等专业课程的学习做好无障碍升级的准备。

本书将人工智能建模思想和方法贯穿始终。人工智能的知识学习最终要用于解决实际问题，对于实际问题首先通过抽象分析，以数学的语言描述现实问题，从而建立数学模型，然后通过编程来求解实际问题。本书第 1 章就通过实例导入建模概念，将各章的数学知识融入建模中，每章都有一个综合实验来阐述如何进行人工智能模型的建立及求解。

本书将创新思维、科教兴国贯穿教材的编写过程，数据计算基本上都可以调用相应接口及方法来实现。为增强学生的创新意识，有不少计算都采用底层编码来实现。

本书由南京信息职业技术学院杨和稳担任主编，南京科技职业学院吴文娟、武汉职业技术学院王珊珊担任副主编，上海交通大学博导、教授应文俊主审。编写团队成员多年从事人工智能、计算机、数学等学科的教学与研究，同时具有多年教材编写经验，团队学术水平高、教学经验丰富、实践能力强、教/科研基本功扎实。初稿经过三年多的试用、修改、打磨及内容完善，最终形成本书的终稿。特别感谢南京信息职业技术学院人工智能学院院长聂明教授，对本书的构思、框架的确定提出了大量的宝贵建议，并给予了全面指导与帮助。

由于编者水平能力有限，书中难免有疏漏之处，恳请广大读者批评指正！

编　者

目　　录

第1章　人工智能数学建模

当今人工智能技术及应用已渗透到社会生活的方方面面。人工智能已成为计算机科学的一个重要分支，是研究、开发用来模仿、延伸和扩展人类智能的一门技术。其应用包括大数据处理、机器人、语言识别、图像识别、自然语言处理等所有与之相关联的领域，目的是代替人类完成相应的一些工作，帮助人类，使人类工作更有效率、更轻松。

对于需要解决的实际问题，通常先进行数学建模，其中涉及逻辑思维、数据组织、数据存储、数据结构、算法设计等。这就需要用到各种不同的数学知识，如微积分、线性代数、数理统计、离散数学、最优化等。所以，数学在人工智能中占据绝对重要的地位。

1.1　数学与人工智能

人工智能实际上是一门将数学、算法理论和工程实践紧密结合的科学。从本质上来看，人工智能是算法设计，是各种数学理论的具体应用。数学作为表达与刻画人工智能模型的工具，是深入理解和应用人工智能算法原理必备的基础知识。

1.1.1　人工智能常见算法

作为信息技术的重要领域，人工智能已经渗透到生产和生活的许多方面，并悄然改变了经济和社会组织的运作模式。人工智能技术的迅猛发展将对各行各业造成巨大影响。例如，垃圾邮件过滤、指纹识别、人脸识别、无人体温检测仪、商品的智能推荐等，都是依靠人工智能技术实现的。人工智能的相关技术涉及面非常广泛，算法较多，现介绍几个主要算法。

1. 线性回归

对于一些离散型数据样本，线性回归就是要找一条回归直线 $y = ax + b$，让这条直线尽可能拟合散点图中的数据点。它试图通过将直线方程与该数据拟合来表示自变量（x 值）和数值结果（y 值），让 $\sum_{i=1}^{n}(ax_i + b - y_i)^2$ 最小，即误差最小，由此求得 a、b，并通过此直线来预测未来的值。这种算法要用到数学上的最小二乘法，通过最小二乘法计算出最佳拟合曲线，与直线上每个数据点的垂直距离最小，其思想是通过最小化平方误差或距离来拟合模型。图 1-1 显示了一个线性回归曲线图。

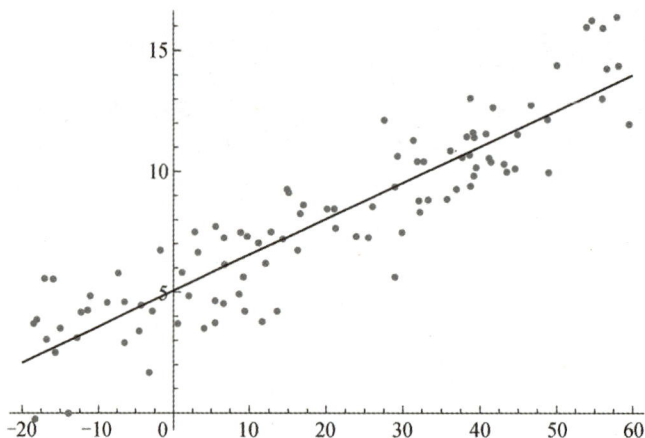

图 1-1　线性回归曲线图

2. 逻辑回归

逻辑回归是一种广义的线性回归分析模型，常用于数据挖掘、疾病自动诊断、经济预测等领域，与线性回归类似，但逻辑回归的结果只能有两个值。例如，以某学生是否是"三好学生"为例，选择两组人群，一组是"三好学生"，另一组是"非三好学生"，两组人群必定具有不同的成绩等因素。因此，因变量就是是否是"三好学生"，值为"是"或"否"；自变量有多个因素，如德、智、体、美、劳等，分别赋予一定的权重，通过综合评价得到一个分数。设定一个阈值θ，当分数大于或等于θ时，值为"是"，即"三好学生"；否则为"否"，即"非三好学生"。其中各自变量权重及阈值是需要通过反复调整来确定的。

3. 决策树

决策树是一种逼近离散函数值的方法。它是一种典型的分类方法，首先对数据进行处理，利用归纳算法生成可读的规则和决策树，然后使用决策树对新数据进行分析。决策树本质上是通过一系列规则对数据进行分类的过程。

4. 朴素贝叶斯

朴素贝叶斯利用先前的概率结果来推断事件发生的起因，从而测量每个类的概率。朴素贝叶斯对进行有效的学习和判断决策帮助很大，其计算公式为

$$P(B_i \mid A) = \frac{P(B_i)P(A \mid B_i)}{\sum_{j=1}^{n} P(B_j)P(A \mid B_j)}$$

在神经网络误差反馈的计算中，将用到大量的朴素贝叶斯计算公式进行建模描述。

5. 支持向量机

支持向量机是一种用于分类问题的监督算法。支持向量机试图在数据点之间绘制两条线，使它们之间的边距最大。为此，将数据项绘制为n维空间中的点，其中，n是输入特征的数量。在此基础上，支持向量机找到了一个最优边界，称为超平面，它通过类标签将可能的输出进行最佳分离。

6. K-最近邻算法

K-最近邻算法通过在整个训练集中搜索 K 个最相似的实例，即 K 个邻居，并为这 K 个实例分配一个公共输出变量来对对象进行分类。用于评估实例之间相似性的距离可以是欧几里得距离、曼哈顿距离等。欧几里得距离是两点之间的普通直线距离，它实际上是点坐标之差平方和的平方根。K-最近邻算法可用于文本分类、模式识别、聚类分析等。

通过几个简单的人工智能算法的介绍，可以看到人工智能模型的建立、算法的设计、模型的实现及应用都与数学息息相关。

1.1.2　人工智能数学模型

数学建模就是用数学语言描述实际现象的过程。这里的实际现象既包含具体的自然现象，如自由落体现象，又包含抽象的现象，如顾客对某种商品所取的价值倾向。这里的描述不仅包括对外在形态、内在机制的描述，还包括预测、试验和解释实际现象等内容。

在利用人工智能技术解决实际问题时，建立人工智能模型是十分关键又十分困难的一步。人工智能建模是一种数学的思考方法，是运用数学的语言和方法，通过抽象、简化建立能近似刻画并解决实际问题的一种强有力的数学手段。

应用数学去解决各类实际问题时建立数学模型的过程，是把错综复杂的实际问题简化、抽象为合理的数学结构的过程。要通过调查、收集数据资料，观察和研究实际对象的固有特征和内在规律，抓住问题的主要矛盾，建立反映实际问题的数量关系，利用数学理论和方法去分析和解决问题。这就需要深厚扎实的数学基础、敏锐的洞察力和想象力、对实际问题的浓厚兴趣和广博的知识面。建模是联系人工智能与实际问题的桥梁，是数学在各个领域广泛应用的媒介，是数学科学技术转化的主要途径。数学建模在科学技术发展中的重要作用逐渐受到数学界和工程界的普遍重视，已成为现代科技工作人员必备的重要能力之一。

1.1.3　数学建模的基本流程

建立人工智能数学模型的基本流程如下。

1. 模型准备

了解问题的实际背景，明确其实际意义，掌握对象的各种信息，进而用数学语言来描述问题，要求描述符合数学理论，符合数学习惯，清晰准确。例如，判断一名司机是否酒驾，要了解酒驾的标准是什么，如何获取数据等；在自动驾驶的建模中，道路的状态如何，在何种天气下行驶，能见度怎样等。

2. 模型假设

根据实际对象的特征和建模的目的，对问题进行必要的简化，并用精确的语言提出一些恰当的假设。人工智能的应用是一个从简单到复杂、从具体到抽象再到具体的过程。最初建模时可适当进行一些常规假设，以此来简化模型。随着应用场景的变化，可对模型进行进一步的修正。例如，针对不同的人的声音识别进行建模，可以先假设人在健康状态下进行讲话录音来建立一个基本模型，然后考虑一些特殊情况，如感冒、发热等场景下的讲话录音。

3. 模型建立

在假设的基础上，建立相应的数据结构，利用适当的数学工具来刻画各要素之间的数学关系，建立数学模型。例如，对于二分类，建立 $y = f(wx + b)$ 模型，同时建立激励函数为

$$\text{output} = \begin{cases} 0, & f(wx+b) \leqslant \text{threshold} \\ 1, & f(wx+b) > \text{threshold} \end{cases}$$

式中，w、b、threshold 为需要训练的参数。

4. 模型求解

利用获取的数据资料，对模型的所有参数做出计算（或近似计算）。这一步可通过程序来实现，有时也可利用一些数值计算包进行调用求解。

例如，两矩阵相乘 $\boldsymbol{C}_{m \times n} = \boldsymbol{A}_{m \times s} \cdot \boldsymbol{B}_{s \times n}$ 的编程如下。

```
for i in range(0,m):
    for j in range(0,n):
        for k in range(0,s):
            C[i][j]+=A[i][k]*B[k][j]
```

若直接调用 numpy 包，一条语句即可解决。

```
import numpy
C = A*B
```

显然，在求解人工智能模型时，调用更多的是第三模块中的数值计算包，更快速、方便。

5. 模型检验

将模型分析结果与实际情形进行比较，以此来验证模型的准确性、合理性和适用性。若模型与实际较吻合，则要对计算结果给出其实际含义，并进行解释。若模型与实际吻合较差，则应该修改假设，重复建模过程，增加训练次数或调整参数。

1.2 人工智能数学基础

人工智能涉及的数学知识相当广泛，主要包括微积分、线性代数、概率论与数理统计、最优化理论、随机过程、回归与预测等方面。

1.2.1 微积分

微积分是研究函数的微分、积分有关概念和应用的数学分支。它是数学最基础的一门学科，其内容主要包括极限、微分学、积分学及其应用。微分学包含求导数的运算，是一套关于变化率的理论。人工智能应用中涉及的速度、加速度、曲线的斜率、最优化问题等

都可用导数方法进行讨论。积分学包含求积分的运算，关于面积、体积、压力等方面的问题都可归结为积分问题。

　　人工智能中涉及的微积分知识点较多，面也较广。在分析深度学习算法的稳定性、泛化性能等方面要用到连续性；神经网络的激活函数、AdaBoost 算法等方面涉及函数的单调性研究；在凸优化中，Jensen 不等式的证明等与函数的凹凸性判定有关。泰勒公式在人工智能算法分析、优化算法中被普遍使用，从梯度下降法、牛顿法、拟牛顿法，到 AdaBoost 算法、梯度提升算法、XGBoost 算法的推导都离不开它。各类神经网络的反向传播算法常常依赖链式法则。

1.2.2　线性代数

　　线性代数源于对二维和三维直角坐标系的研究。在这里，一个向量表示一个有方向的线段，由长度和方向两部分表示。现代线性代数已经扩展到研究任意或无限维空间。一个维数为 n 的向量空间叫作 n 维空间。在二维和三维空间中，有用的结论大多可以扩展到高维空间。尽管很难想象 n 维空间中的向量，但是实际上用这样的向量（n 元组）来表示数据非常有效。在人工智能中，向量可理解为一个列表或元组。作为 n 元组，向量是 n 个元素的"有序"列表，大多数人可以在这种框架中有效地概括和操纵数据。

　　例如，神经网络中的所有参数都存储在矩阵中，线性代数使矩阵运算更快、更轻松，尤其是在 GPU 上训练模型时，因为 GPU 可以并行执行矢量和矩阵运算。图像表示为在计算中顺序排列的像素阵列，也以矩阵的形式进行存储。对图像的处理如旋转、裁剪、模式转换等，相当于对矩阵进行转置、求逆、线性变换等。在自动推荐模型中，将各消费者的特征及行为以向量形式来表示，本质是对向量进行运算。

1.2.3　概率论与数理统计

　　概率论与数理统计作为数学的重要领域之一，其通过现有条件对随机事件进行一定程度上的分析和概率的预测，能够保证其输出往往是在当前条件下准确率和发生概率最大的事件。在人工智能图像识别领域，概率论这门学科发挥着非常大的作用，人工智能算法通过对数据进行分析处理，进而选择正确率最高的结果进行输出，这样不仅可以提高其容错能力，还可以在之后的自学习训练系统中体现其优势。

　　概率论与数理统计在人工智能应用中的作用渗透到各个方面，从偏差、方差分析以更好地拟合到计算概率以实现预测，从随机初始化以加快训练速度到正则化、归一化数据处理以避免过拟合。概率论为人工智能提供随机性，为预测提供基础；而数理统计则通过对数据进行处理与分析，让结果更好地满足要求，更具有普适性和一般性，以便于应用。随机事件在深度学习中有很多体现，如随机初始化和 Dropout 正则化方法。当训练神经网络时，权重随机初始化是很重要的，如果把权重或参数都初始化为 0，那么梯度下降不起作用。简单来说，由于权重均为 0，对称的操作造成输出结果相同，无论多少层都无法正确拟合，因此需要随机初始化。通常，可以通过正态分布进行随机初始化，经测试具有比较好的效果。

　　深度学习的一个很重要的应用便是对数据进行分析和预测。既然是预测，可能的结果自然不止一个，或者说每个结果都有发生的概率，而我们需要做的便是寻找发生的概率最高的事件。

概率论与数理统计的各种理论应用之广，在人工智能领域发挥了空前的作用。

1.2.4 最优化理论

最优化理论研究的问题是判定给定目标函数的最大值（最小值）是否存在，并找到令目标函数取到最大值（最小值）的数值。人工智能的目标就是最优化，在复杂环境与多重交互中做出最优决策。几乎所有的人工智能问题最后都会归结为一个优化问题的求解，因而最优化理论是人工智能必备的基础知识。

实现最小化或最大化的函数被称为目标函数或评价函数，大多数最优化问题可以通过最小化目标函数 $f(x)$ 解决，最大化问题则可以通过最小化 $-f(x)$ 实现。实际的最优化算法既可能找到目标函数的全局最小值，又可能找到局部极小值，二者的区别在于全局最小值比定义域内所有其他点的函数值都小；而局部极小值只是比所有邻近点的函数值小。在理想情况下，最优化算法的目标是找到全局最小值，但找到全局最小值意味着在全局范围内进行搜索。目前实用的最优化算法是找到局部极小值。当目标函数的输入参数较多、解空间较大时，绝大多数实用算法不能满足全局搜索对计算复杂度的要求，因而只能求出局部极小值。但在人工智能和深度学习的应用场景下，只要目标函数的取值足够小，就可以把这个值当作全局最小值使用，作为对性能和复杂度的折中。

根据约束条件的不同，最优化问题可以分为无约束优化和约束优化两类。无约束优化对自变量 x 的取值没有限制；约束优化则把 x 的取值限制在特定的集合内，也就是满足一定的约束条件。求解无约束优化问题最常用的方法是梯度下降法。直观地说，梯度下降法就是沿着目标函数值下降最快的方向寻找最小值。在数学上，梯度的方向是目标函数导数的反方向。求解约束优化问题，通常是建立拉格朗日函数，利用拉格朗日乘数法进行求解。

人工智能算法包括模拟生物进化规律的遗传算法、模拟统计物理中固体结晶过程的模拟退火算法、模拟低等动物产生集群智能的蚁群算法等，都是最优化算法的具体应用。

1.2.5 随机过程

随机过程是依赖参数的一组随机变量，参数通常是时间。随机变量是随机现象的数量表现，其取值随着偶然因素的影响而改变。例如，某商店在 t_0 到 t_k 这段时间内接待顾客的人数，就是依赖时间 t 的一组随机变量，即随机过程。随机过程是应物理学、生物学、管理学等方面的需要而逐步发展起来的，在自动控制、公用事业、管理等方面都有广泛的应用。

研究随机过程的方法多种多样，主要可以分为两大类：一类是概率方法，其中用到轨道性质、停时和随机微分方程等；另一类是分析方法，其中用到测度论、微分方程、半群理论、函数堆和希尔伯特空间等。但在实际研究中常常将这两类方法并用。另外，组合方法和代数方法在某些特殊随机过程的研究中也有一定作用。

马尔可夫在随机过程的研究中做出了巨大贡献，因此随机过程又称为马尔可夫链，是指数学中具有马尔可夫性质的离散事件的随机过程。在该过程中，在给定当前知识或信息的情况下，过去与预测将来是无关的。在马尔可夫链中的每一步，系统根据概率分布，可以从一个状态改变到另一个状态，也可以保持当前状态。状态的改变叫作转移，与不同的状态改变相关的概率叫作转移概率。

马尔可夫模型又分为显马尔可夫模型和隐马尔可夫模型。隐马尔可夫模型描述了一个含有隐含未知参数的马尔可夫过程，是一个双重随机过程（包括马尔可夫链和一般随机过程）。

马尔可夫模型被广泛应用在语音识别、词性自动标注、音字转换、概率文法等自然语言处理的各个方面，同时在算术编码、地理统计学、企业产品市场预测、人口过程、生物信息学（编码区域或基因预测）等领域有着广泛应用。经过长期发展，尤其是在语音识别中的成功应用，马尔可夫模型成为一种通用的统计工具。

1.2.6　回归与预测

回归分析通过一个变量或一些变量的变化解释另一个变量的变化。变量分为自变量和因变量，在一般情况下，自变量表示原因，因变量表示结果。首先，设法找出合适的数学方程式（回归模型）描述变量间的关系；接着，估计模型的参数，得出样本回归方程，由于涉及的变量具有不确定性，因此要对回归模型进行统计检验、预测检验等，当所有检验通过后，就可以应用回归模型了。

回归按照自变量的个数划分为一元回归和多元回归：只有一个自变量的回归叫作一元回归，有两个或两个以上自变量的回归叫作多元回归。按照回归曲线的形态划分，有线性（直线）回归和非线性（曲线）回归。简单线性回归分析是对两个具有线性关系的变量，研究其相关性，配合线性回归方程，并根据自变量的变动来推算和预测因变量平均发展趋势的方法。

在进行回归分析之前，需要进行相关分析。相关分析是回归分析的基础和前提，回归分析则是相关分析的深入和继续。相关分析需要依靠回归分析来表现变量之间数量相关的具体形式，而回归分析则需要依靠相关分析来表现变量之间数量变化的相关程度。只有当变量之间高度相关时，进行回归分析寻求其相关的具体形式才有意义。在没有对变量之间是否相关及相关方向和程度做出正确判断之前进行回归分析，很容易造成"虚假回归"。与此同时，相关分析只研究变量之间相关的方向和程度，不能推断变量之间相互关系的具体形式，也无法由一个变量的变化情况来推测另一个变量的变化情况，因此，在具体应用过程中，只有把相关分析和回归分析结合起来，才能达到研究和分析的目的。

回归预测模型是否可用于实际预测，取决于对回归预测模型的检验和对预测误差的计算。回归方程只有通过各种检验，且预测误差较小，才能作为预测模型进行预测。

1.3　模型求解工具

数学模型建立之后，就需要进行模型求解，这其中就需要用到编程工具及大量的科学计算包及图形包。

1.3.1 Anaconda 编程环境

1. Anaconda 简介

Anaconda 是一种 Python 集成开发环境，可以便捷地获取库且提供对库的管理功能。

Anaconda 支持包含 Conda、Python 在内的超过 180 个科学库及其依赖项，其主要特点为开源、安装过程简单、可高性能使用 Python 和 R 语言、免费的社区支持等，包含的科学库有 numpy、scipy、IPython Notebook 等。Anaconda 支持目前主流的多种系统平台，包含 Windows、MacOS 和 Linux(x86/Power 8)。

2. 安装 Anaconda 3

登录 Anaconda 官网，如图 1-2 所示，根据操作系统选择下载合适的安装包版本，安装步骤与一般的软件安装步骤类似。

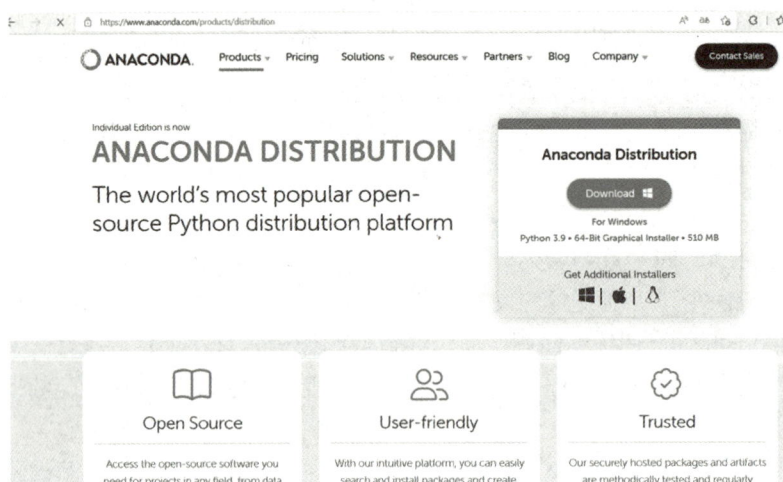

图 1-2　Anaconda 官网

3. Jupyter Notebook 的使用

Anaconda 3 中集成了 Jupyter Notebook，因此在 Anaconda 3 安装完毕后，用户可以开始使用 Jupyter Notebook。

（1）进入 Jupyter Notebook。

进入 Jupyter Notebook 有以下两种方式。

● 直接在 Anaconda 3 的菜单栏中选择"Jupyter Notebook"选项。

● 通过 CMD 命令行窗口进入。若安装 Anaconda 3 时选择添加了环境变量，则可以在 CMD 命令行窗口中输入"Jupyter Notebook"来启动 Jupyter Notebook。若安装 Anaconda 3 时没有选择添加环境变量，又想通过 CMD 命令行窗口进行启动，则可以在系统环境变量中手动添加如下路径。

.\Anaconda 3；

.\Anaconda 3\Library\mingw-w 64\bin；

.\Anaconda 3\Library\usr\bin；

.\Anaconda 3\Library\bin；

.\Anaconda 3\Scripts；

修改环境变量时需要依据 Anaconda 3 的安装路径对手动添加的路径做对应修改。

启动后，浏览器地址栏中会默认显示地址"http://localhost:8888"。其中，"localhost"指的是本机地址，"8888"是当前 Jupyter Notebook 程序占用的端口号。若同时启动了多个 Jupyter Notebook，则默认端口"8888"被占用，因此浏览器地址栏中的数字将从"8888"起，每多启动一个 Jupyter Notebook，端口号就加 1，如"8889""8890"。

（2）Jupyter Notebook 的基本使用方法。

启动成功后，进入 Jupyter Notebook 主界面，如图 1-3 所示。

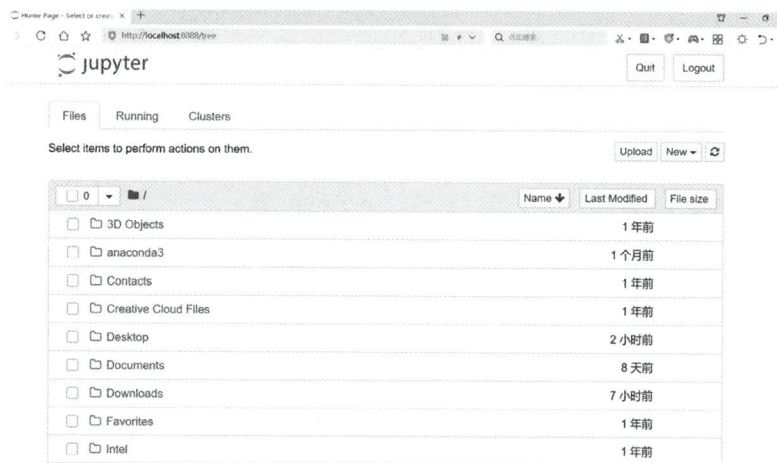

图 1-3　Jupyter Notebook 主界面

单击右上角的"New"下拉按钮，弹出的"New"下拉列表如图 1-4 所示，选择"Python 3"选项，即可创建一个 Python 文件，如图 1-5 所示。单击界面左上角"Jupyter"旁的"Untitled 20"即可修改文件名。

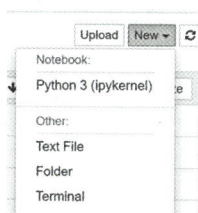

图 1-4　"New"下拉列表

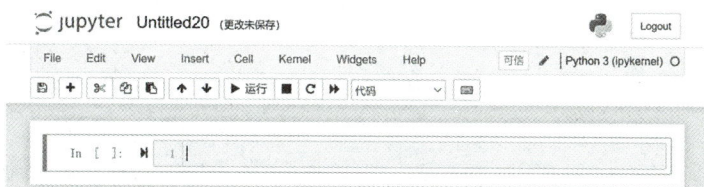

图 1-5　创建 Python 文件

在单元格中输入命令，单击"运行"按钮，将在单元格下输出结果，并自动新建一个新的单元格，如图 1-6 所示。

人工智能数学基础

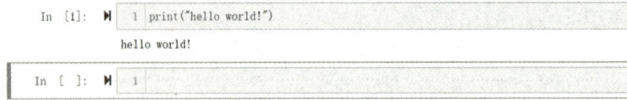

图 1-6　新建单元格

注意：本书的所有程序都在 Jupyter Notebook 中调试通过。

4. Anaconda 安装第三方库的方法

（1）可视化安装。

双击打开 Anaconda Navigator 界面（见图 1-7），选择 Environments 界面（见图 1-8），进入第三方库预览界面（见图 1-9），选择需要安装的库（见图 1-10），单击"Apply"按钮，即可进行安装。

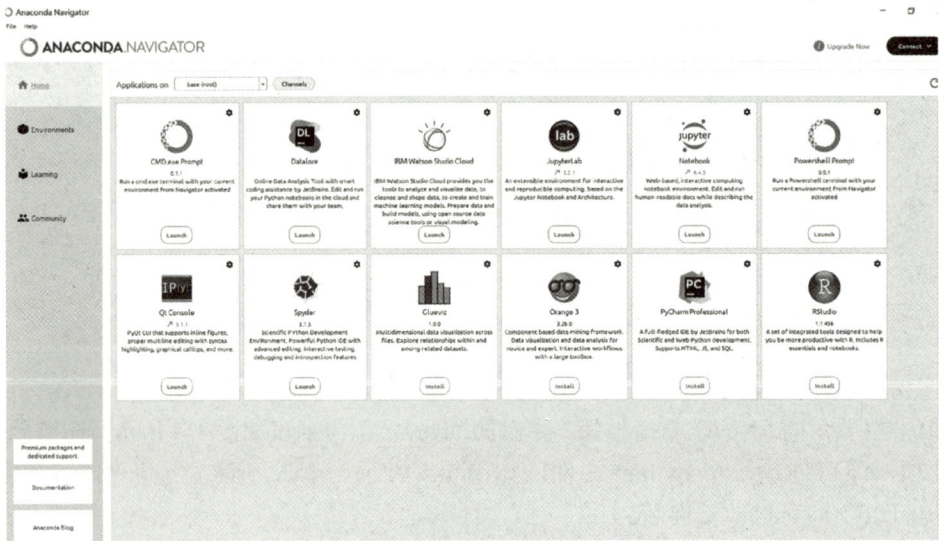

图 1-7　Anaconda Navigator 界面

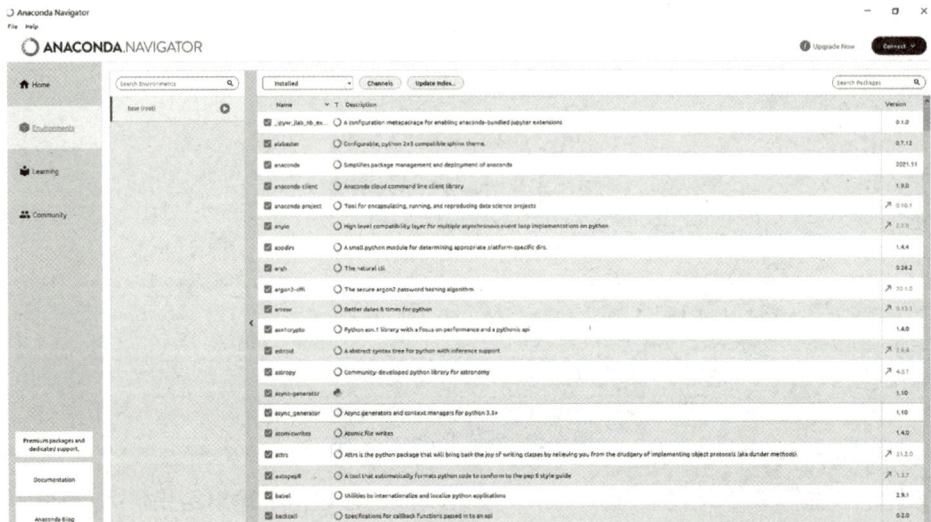

图 1-8　Environments 界面

10

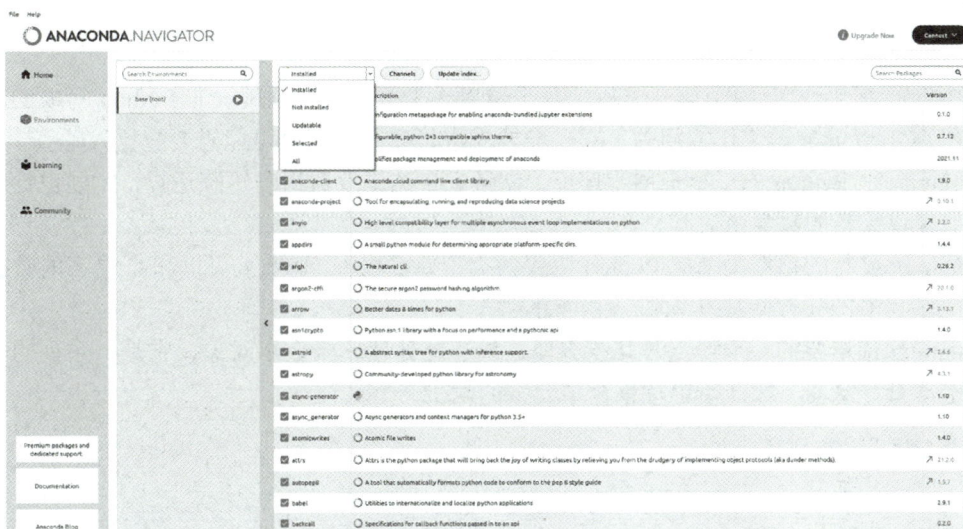

图 1-9　第三方库预览界面

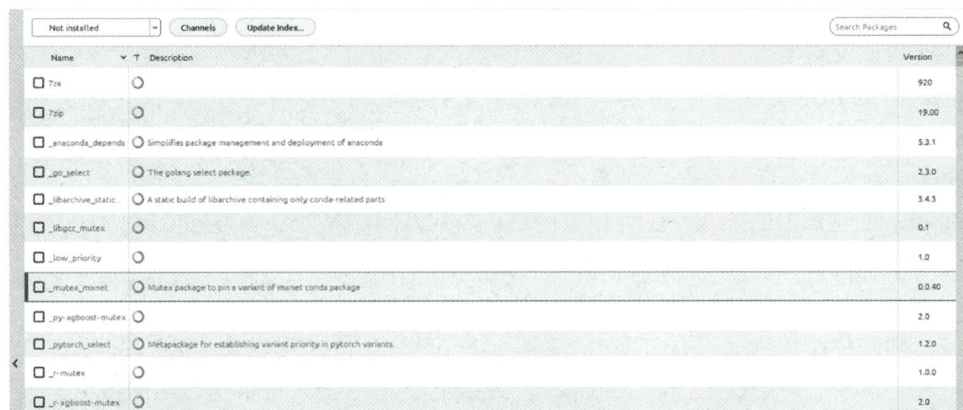

图 1-10　选择需要安装的库

（2）命令行安装。

双击打开"Anaconda Prompt"命令行窗口，输入"pip install（xxx）"，括号内为要安装的第三方库名，按"Enter"键即可完成安装，如图 1-11 所示。

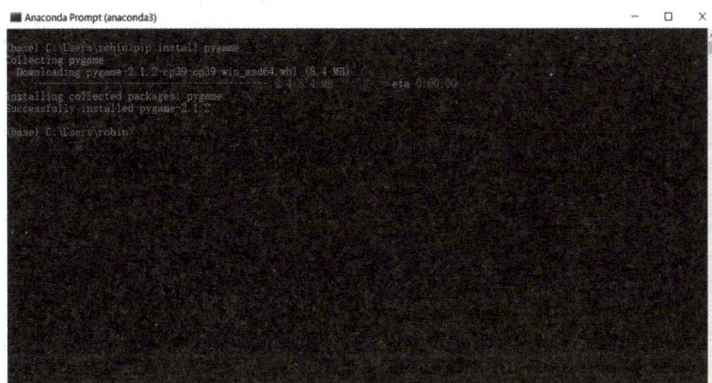

图 1-11　命令行安装

1.3.2 numpy 模块简介

Python 有超过 20 万个第三方库，几乎覆盖人工智能所有领域。非 Python 写成的库或包，作为 Python 数据工作的相关工具，需要先进行安装（部分可能需要配置）。

numpy 是 Python 的一个扩展程序库，支持大量的维度数组与矩阵运算，此外也针对数组运算提供大量的数学函数库。

numpy 支持的数据类型比 Python 内置的类型要多很多，基本上可以和 C 语言的数据类型对应，其中部分类型对应 Python 内置的类型。

numpy 最重要的一个特点是其能方便、快速地处理 n 维数组对象，它是一系列同类型数据的集合，从 0 下标开始进行集合中元素的索引。

1. 数组对象创建

（1）通过调用 array()函数创建数组对象。

```
numpy.array(object, dtype = None, copy = True, order = None, subok = False, ndmin = 0)
```

各参数说明如下。

object：数组或嵌套的数列；

dtype：数组元素的数据类型，可选；

copy：对象是否需要复制，可选；

order：创建数组的样式，C 为行方向，F 为列方向，A 为任意方向（默认）；

subok：默认返回一个与基类类型一致的数组；

ndmin：指定生成数组的最小维度。

（2）创建特殊数组。

空数组：创建一个指定形状（shape）、数据类型（dtype）且未初始化的数组。

```
numpy.empty(shape)
```

零数组：创建指定大小的数组，数组元素以 0 来填充。

```
numpy.zeros(shape)
```

单位数组：创建指定形状的数组，数组元素以 1 来填充。

```
numpy.ones(shape)
```

（3）通过已有的数组创建数组。

```
numpy.asarray(a, dtype = None, order = None)
```

（4）通过数值范围创建数组。

```
numpy.arange(start, stop, step, dtype)
```

各参数说明如下。

start：起始值，默认为 0；

stop：终止值（不包含）；

step：步长，默认为 1；

dtype：返回数组的数据类型，若没有提供，则使用输入数据的类型。

2. 数组的访问

数组对象可以通过索引或切片来访问和修改，其操作与 Python 中 list 的切片操作一样。numpy 数组通过下标进行索引访问，也可以通过内置的 slice()函数进行切片访问，并设置 start、stop 及 step 参数，从原数组中切割出一个新数组。

【例 1-1】利用下标访问数组元素。

【程序代码 1】

```
import numpy as np
a = np.arange(100)
b = a[2:100:8]    # 从索引 2 开始到索引 100 停止，步长为 8
print(b)
```

【运行结果 1】

```
[ 2 10 18 26 34 42 50 58 66 74 82 90 98]
```

【程序代码 2】

```
import numpy as np
a = np.arange(100)
s = slice(2,100,8)    # 从索引 2 开始到索引 100 停止，步长为 8
print (a[s])
```

【运行结果 2】

```
[ 2 10 18 26 34 42 50 58 66 74 82 90 98]
```

numpy 数组还有整数数组索引、布尔索引及花式索引。

【例 1-2】整数数组索引。

【程序代码】

```
import numpy as np
x = np.array([[1,2,3],[4,5,6],[7,8,9]])
y = x[[0,1,2],[0,1,2]]    #访问(0,0),(1,1),(2,2)位置元素
print(x)
print(y)
```

【运行结果】

```
[[1 2 3]
 [4 5 6]、
 [7 8 9]]
[1 5 9]
```

【例 1-3】布尔索引。

布尔索引通过布尔运算（如比较运算符）来获取符合指定条件的元素的数组。

【程序代码】

```
import numpy as np
x = np.array([[0,1,2],[3,4,5],[6,7,8],[9,10,11]])
print('数组是：')
print(x)
print('大于 6 的元素是：') # 输出大于 6 的元素
print(x[x>6])
```

【运行结果】

```
数组是：
[[ 0  1  2]
 [ 3  4  5]
 [ 6  7  8]
 [ 9 10 11]]
大于 6 的元素是：
[ 7  8  9 10 11]
```

3. 数组的操作

numpy 中包含一些用于处理数组的函数，主要功能有：修改数组行列、翻转数组；对换数组维度；连接数组；分割数组；数组元素的添加与删除。

numpy.reshape() 函数可以在不改变数据的条件下修改数组行列，格式如下。

```
numpy.reshape(arr, newshape)
```

各参数说明如下。

arr：要修改行列的数组；

newshape：行列大小。

numpy.transpose() 函数用于对换数组的维度，即数组转置，格式如下。

```
numpy.transpose(arr, axes)
```

各参数说明如下。

arr：要操作的数组；

axes：整数列表，对应维度，通常所有维度都会对换。

4. 线性代数函数库 linalg

numpy 提供了线性代数函数库 linalg，该函数库包含线性代数所需的主要功能。

numpy.dot() 函数对于两个一维数组，计算这两个数组对应下标元素的乘积之和，即向量的内积；对于两个二维数组，计算两个数组的矩阵乘积。

```
numpy.dot(a, b)
```

各参数说明如下。

a：数组；

b：数组。

numpy.matmu()函数用于返回两个数组的矩阵乘积。

numpy.linalg.det()函数用于计算输入矩阵的行列式。

numpy.linalg.solve()函数用于给出矩阵形式的线性方程的解。

numpy.linalg.inv()函数用于计算矩阵的乘法逆矩阵。

【例 1-4】计算矩阵乘积。

【程序代码】

```
import numpy as np
a = [[1,2],[3,4]]
b = [[5,6],[7,8]]
print (np.matmul(a,b))
```

【运行结果】

```
[[19 22]
 [43 50]]
```

1.3.3　scipy 库

scipy 库主要用于数学、科学和工程计算，其依赖 numpy，numpy 提供了方便、快速的 n 维数组操作。

通过数据处理的领域来分类，scipy 库被分成不同的模块：scipy.cluster（矢量量化）、scipy.constants（物理和数学常数）、scipy.fftpack（傅里叶变换）、scipy.integrate（积分）、scipy.interpolate（插值）、scipy.io（文件）、scipy.linalg（线性代数）。

1. scipy 特殊函数

scipy.special 模块中包含一些特殊函数，如立方根函数、指数函数、相对误差指数函数、对数和指数函数、兰伯特函数、排列组合函数、γ 函数等。

【例 1-5】求立方根。

【程序代码】

```
from scipy.special import cbrt
res = cbrt([1000, 27, 8, 125])
print (res)
```

【运行结果】

```
[10.  3.  2.  5.]
```

2. k 均值聚类（k-means）

聚类是在一组未标记的数据中，将相似的数据（点）归到同一个类别中的方法，属于无监督学习。

k-means 算法的原理如下。

①随机选取 k 个点作为中心点；

②遍历所有点，将每个点划分到最近的中心点，形成 k 个聚类；

③根据聚类中各点之间的距离，重新计算各个聚类的中心点；

④重复步骤②和③，直到这 k 个中心点不再变化（收敛），或者达到最大迭代次数。

cluster 包已经很好地实现了 k-means 算法，我们可以直接使用它。

【例 1-6】聚类。

【程序代码】

```
from scipy.cluster.vq import kmeans,vq,whiten
from numpy import vstack,array
from numpy.random import rand
# 具有 3 个特征值的样本数据生成
data = vstack((rand(100,3) + array([.5,.5,.5]),rand(100,3)))
# 计算 k = 4 时的中心点
centroids, _ = kmeans(data, 4)
print(centroids)
# 将样本数据中的每个值分配给一个中心点，形成 4 个聚类。
# 返回值 clx 标出了对应索引样本的聚类，dist 表示对应索引样本与聚类中心的距离
clx, dist = vq(data, centroids)
# 打印聚类
print(clx)
```

【运行结果】

```
[[0.92030935 0.64609198 0.54153661]
 [0.36560872 0.41491489 0.48107694]
 [1.27029597 1.09804492 1.04957637]
 [0.7408346  1.10235402 1.08669454]]
[0 3 0 2 3 3 2 0 0 0 2 2 2 3 2 2 0 3 0 3 3 3 2 3 2 3 3 0 3 0 3 2 3 2
 2 3 2 3 2 2 2 0 2 3 0 3 0 0 3 3 0 2 0 2 2 0 3 3 0 3 3 2 0 0 0 2 2 2 2 2 0 0
 2 0 2 1 2 2 0 2 0 3 2 2 2 3 0 3 0 3 3 1 1 0 3 1 0 1 0 1 1
 1 0 0 1 1 1 0 1 1 1 1 1 1 0 1 1 0 0 3 1 1 1 1 0 1 1 0 1 1 1 0
 3 0 1 1 0 1 1 1 1 1 0 1 0 1 1 1 0 1 1 1 1 0 0 1 0 3 1 1 0 1 1 1 1 1 0 1
 0 0 1 1 1 1 0 3 1 1 3 1 0 1]
```

3. scipy 积分与求导

scipy.integrate 模块提供了很多数值积分方法，如一重积分、二重积分、三重积分、多重积分、高斯积分等。常用的是求定积分函数 quad() 和求导函数 diff()。

【例 1-7】计算定积分 $\int_0^1 x^3 \mathrm{d}x$。

【程序代码】

```
import scipy.integrate
from numpy import exp
f = lambda x:x**3
i = scipy.integrate.quad(f, 0, 1)
print(i)
```

【运行结果】

```
(0.25, 2.7755575615628914e-15)
```

注意：quad()函数返回两个值，第一个值是积分值，第二个值是对积分值的绝对误差估计。

【例 1-8】已知 $z = x^2 + y^2 + xy + 2$，求 $\left.\dfrac{\partial z}{\partial x}\right|_{(1,2)}$ 和 $\left.\dfrac{\partial z}{\partial y}\right|_{(1,2)}$。

【程序代码】

```
from sympy import *
x, y = symbols('x, y')
z = x**2+y**2+x*y+2
dx = diff(z, x) # 对 x 求偏导
print(dx)
result = dx.subs({x: 1, y: 2})
print(result)
dy = diff(z, y) # 对 y 求偏导
print(dy)
result = dy.subs({x: 1, y: 2})
print(result)
```

【运行结果】

```
2*x + y
4
x + 2*y
5
```

4. scipy 插值

插值是依据一系列的点 (x_i, y_i)，通过一定的算法（一般要求其产生的误差最小）找到一个适当的函数来逼近这些点，反映这些点的走势规律，根据走势规律求其他点值的过程。scipy 求插值的方法放在 scipy.interpolate 包里。

插值类型有多种，如"linear""nearest""zero""slinear""quadratic""cubic"等。

【例 1-9】插值。

【程序代码】

```
import numpy as np
from scipy import interpolate as intp
import matplotlib.pyplot as plt
plt.rcParams['font.sans-serif']=['SimHei']   #指定默认字体
plt.rcParams['axes.unicode_minus']=False      #解决负数坐标显示问题，x 值
x = np.linspace(0, 4, 12)
y = np.cos(x**2 + 4)
print (x)
print (y)
f1 = intp.interp1d(x, y, kind = 'linear')    #使用 interp1d 类创建拟合函数
f2 = intp.interp1d(x, y, kind = 'cubic')     #使用 interp1d 类创建拟合函数
xnew = np.linspace(0, 4, 30)
```

```
plt.plot(x, y,'o', xnew, f1(xnew), '-', xnew, f2(xnew), '--')
plt.legend(['原始数据', '线性插值', '三次样条插值'], loc = 'best')
plt.show()
```

【运行结果】

```
[0          0.36363636 0.72727273 1.09090909 1.45454545 1.81818182
 2.18181818 2.54545455 2.90909091 3.27272727 3.63636364 4         ]
[-0.65364362 -0.54815574 -0.1824359  0.45973224 0.98600751 0.52114886
 -0.78725766 -0.49360967 0.99464238 -0.54263995 -0.05559043 0.40808206]
```

运行结果如图 1-12 所示。[①]

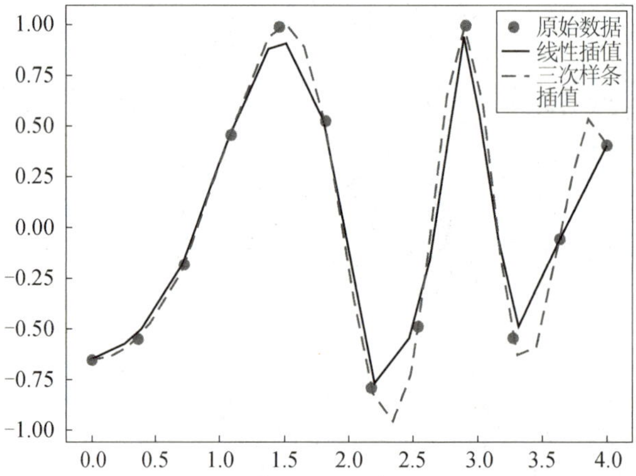

图 1-12　插值图

5. scipy 统计

scipy.stats 模块中包含各种统计函数及概率分析方法。

【例 1-10】利用折线图模拟概率密度函数。

【程序代码】

```
import numpy as np
samples = np.random.normal(size=500)
bins = np.arange(-10, 10)
histogram = np.histogram(samples, bins=bins, density=True)[0]
bins = 0.5*(bins[1:] + bins[:-1])
from scipy import stats
pdf = stats.norm.pdf(bins)   # norm是一个分布对象
import matplotlib.pyplot as plt
plt.plot(bins,histogram)
plt.plot(bins,pdf)
plt.show()
```

【运行结果】

运行结果如图 1-13 所示。

---

① 注：本书程序案例运行结果由系统自动生成。

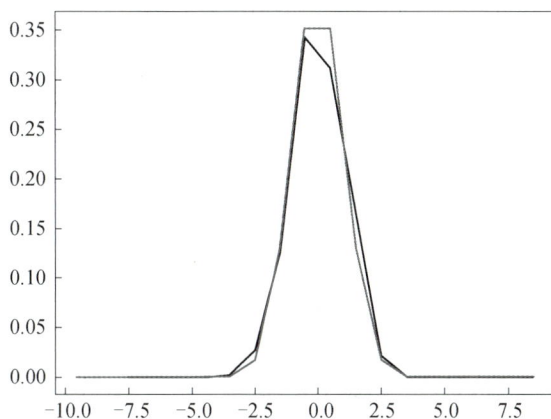

图 1-13　折线图模拟概率密度函数

【例 1-11】求平均值、中位数和百分位数。

np.mean(a)：计算平均值。

stats.scoreatpercentile(a, score)：根据百分位求对应值。

【程序代码】

```
import numpy as np
for scipy import stats
samples =[65,23,57,92,54,38,87,78,58,92,57,85,82,73,92]
print(np.mean(samples))
print(stats.scoreatpercentile(samples, 40))
print(stats.scoreatpercentile(samples, 80))
```

【运行结果】

```
68.86666666666666
62.2
88.0
```

1.3.4　matplotlib 库

matplotlib 是 Python 常用的 2D 绘图库，同时提供一部分 3D 绘图接口。matplotlib 通常与 numpy、Pandas 一起使用。

1. pyplot 模块

matplotlib 绘图的各种函数包含在 pyplot 模块中。

（1）绘图类型。

matplotlib 可绘制的图像类型多样，主要如下。

bar()：绘制条形图；

barh()：绘制水平条形图；

boxplot()：绘制箱型图；

hist()：绘制直方图；

his2d()：绘制 2D 直方图；

19

pie()：绘制饼状图；

scatter()：绘制 x 与 y 的散点图。

（2）image()函数。

imread()：从文件中读取图像的数据并形成数组；

imsave()：将数组另存为图像文件；

imshow()：在数轴区域内显示图像。

（3）axis()函数。

axes()：在画布（figure）中添加轴；

text()：向轴添加文本；

title()：设置当前轴的标题；

xlabel()：设置 x 轴的标签；

ylabel()：设置 y 轴的标签。

（4）figure()函数。

figtext()：在画布上添加文本；

figure()：创建一个新画布；

show()：显示数字；

savefig()：保存当前画布；

close()：关闭画布窗口。

2. 各类型图形的绘制

（1）柱状图。

柱状图是一种用矩形柱来表示数据分类的图表，柱状图可以垂直绘制，也可以水平绘制，它的高度与其所表示的数值成正比。其语法格式如下。

```
ax.bar(x, height, width, bottom, align)
```

【例 1-12】利用 bar()函数绘制柱状图。

【程序代码】

```
import matplotlib as plt
plt.rcParams["font.sans-serif"]=["SimHei"]    #设置字体
plt.rcParams["axes.unicode_minus"]=False        #该语句解决图像中"-"的乱码问题
import matplotlib.pyplot as plt                 #创建图形对象
fig = plt.figure()
#添加子图区域，参数值表示[left, bottom, width, height]
ax = fig.add_axes([0,0,1,1])
#准备数据
langs = ['数学', '程序设计','外语', '数据库', '机器人']
students = [24,45,27,35,39]
#绘制柱状图
ax.bar(langs,students)
plt.show()
```

【运行结果】

运行结果如图 1-14 所示。

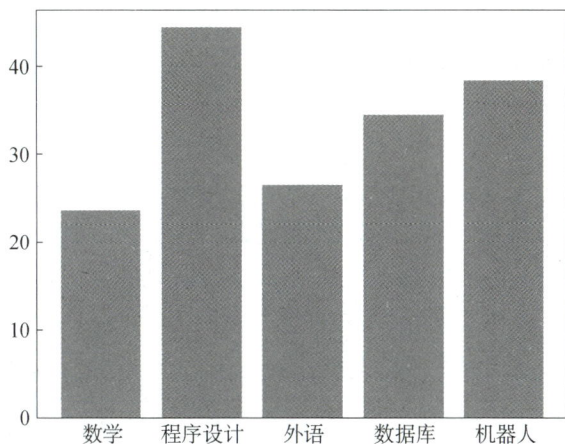

图 1-14　柱状图

（2）饼状图。

饼状图显示一个数据系列中各项目占项目总和的百分比。

【例 1-13】利用 pie()函数绘制饼状图。

【程序代码】

```
from matplotlib import pyplot as plt
import numpy as np
plt.rcParams["font.sans-serif"]=["SimHei"]
plt.rcParams["axes.unicode_minus"]=False
fig = plt.figure()
ax = fig.add_axes([0,0,1,1])
#使得 x/y 轴的间距相等
ax.axis('equal')
#准备数据
langs = ['数学', '程序设计','外语', '数据库', '机器人']
students = [24,45,27,35,39]
#绘制饼状图
ax.pie(students, labels = langs,autopct='%1.2f%%')
plt.show()
```

【运行结果】

运行结果如图 1-15 所示。

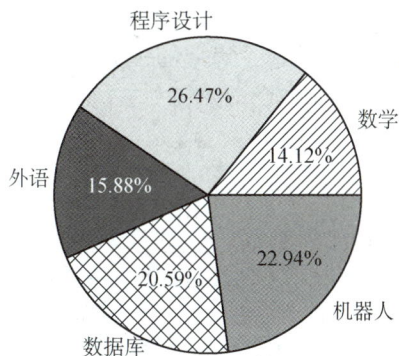

图 1-15　饼状图

21

（3）折线图。

matplotlib 并没有直接提供绘制折线图的函数，而是借助散点函数来绘制折线图的。

【例 1-14】 绘制折线图。

【程序代码】

```
import matplotlib.pyplot as plt
plt.rcParams["font.sans-serif"]=["SimHei"]
plt.rcParams["axes.unicode_minus"]=False
x = ["星期一", "星期二", "星期三", "星期四", "星期五","星期六","星期日"]
y = [46, 57, 74, 69, 72, 33, 62]
plt.plot(x, y, "g", marker='D', markersize=5, label="人数")
plt.xlabel("星期")
plt.ylabel("晚自习人数")
plt.title("晚自习情况统计")
#显示图例
plt.legend(loc="best")
plt.show()
```

【运行结果】

运行结果如图 1-16 所示。

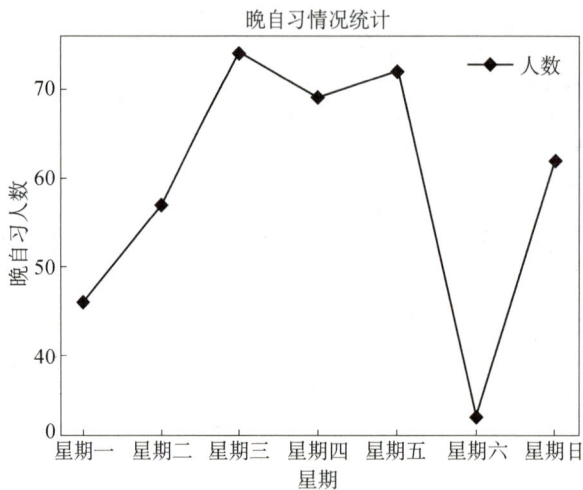

图 1-16　折线图

（4）3D 图形绘制。

matplotlib 在 2D 绘图的基础上扩建了简单的 3D 绘图程序包 mpl_toolkits.mplot3d，通过调用该程序包的一些接口可以绘制 3D 散点图、3D 曲面图、3D 线框图等。

【例 1-15】 绘制 3D 散点图。

【程序代码】

```
from mpl_toolkits import mplot3d
import numpy as np
import matplotlib.pyplot as plt
fig = plt.figure()
ax = plt.axes(projection='3d')
```

```
z = np.linspace(0, 1, 100)
x = z * np.sin(20 * z)
y = z * np.cos(20 * z)
c = x**2 + y**2
ax.scatter3D(x, y, z, c=c)
ax.set_title('3D散点图')
plt.show()
```

【运行结果】

运行结果如图 1-17 所示。

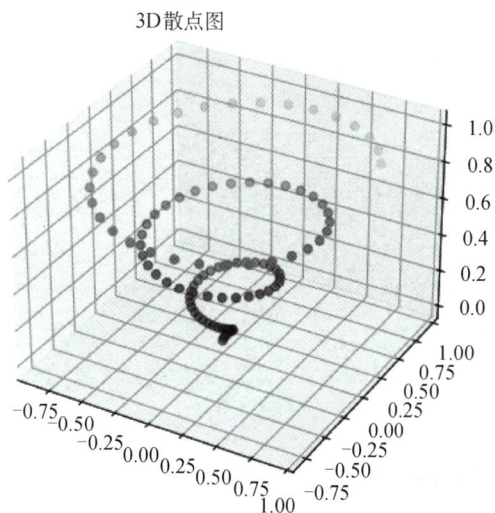

图 1-17 3D 散点图

【例 1-16】绘制小提琴图。

【程序代码】

```
import matplotlib.pyplot as plt
import numpy as np
np.random.seed(10)
x1 = np.random.normal(100, 50, 500)
x2 = np.random.normal(80, 50, 500)
x3 = np.random.normal(90, 10, 500)
x4 = np.random.normal(70, 30, 500)
x5 = np.random.normal(80, 20, 500)
#创建绘制小提琴图的数据序列
data_to_plot = [x1, x2, x3, x4,x5]
#创建一个画布
fig = plt.figure()
#创建一个绘图区域
ax = fig.add_axes([0,0,1,1])
# 绘制小提琴图
bp = ax.violinplot(data_to_plot)
plt.show()
```

【运行结果】

运行结果如图 1-18 所示。

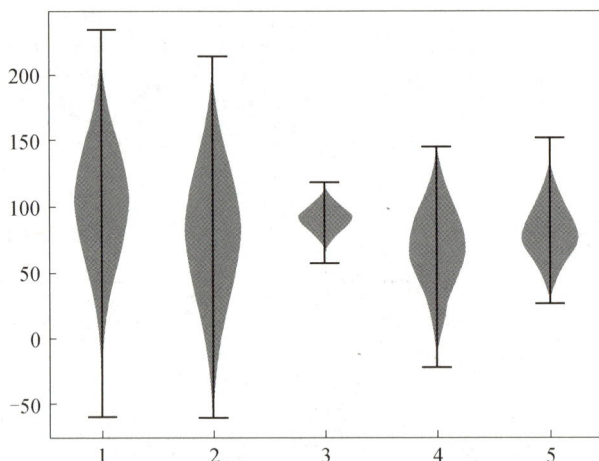

图 1-18　小提琴图

实验1　数据可视化

1. 实验目的

（1）掌握数据可视化的呈现方式。

（2）掌握 Python 绘图工具的使用。

（3）掌握数据的组织与管理。

2. 实验要求

（1）绘制一个简单的正弦曲线图。

（2）设置曲线的颜色、线条宽度、线条样式。

（3）设置图形网格线、图例。

（4）设置坐标轴。

3. 实验步骤

（1）绘制一个简单的正弦曲线图。

在绘制正弦曲线前，先用 numpy 创建相关自变量 x 的取值数组，然后根据该数组绘制相应曲线。

【程序代码】

```
import matplotlib.pyplot as plt
import numpy as np
x=np.arange(-np.pi,np.pi,0.1)
y=np.sin(x)
plt.plot(x,y)
plt.show()
```

【运行结果】

运行结果如图 1-19 所示。

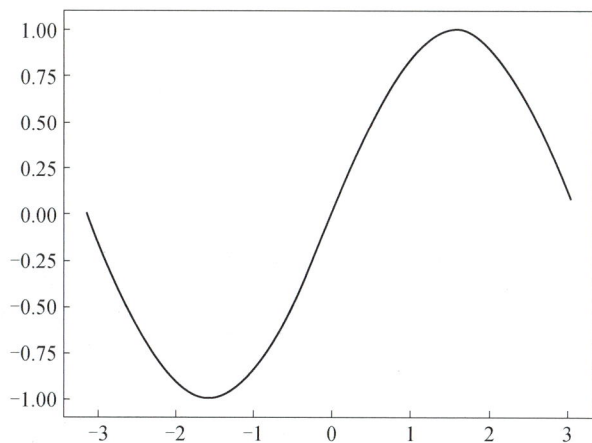

图 1-19　正弦曲线图

（2）设置曲线的颜色、线条宽度、线条样式。

color：代表颜色；

linewidth：代表线条宽度；

linestyle：代表线条样式。

【程序代码】

```
import matplotlib.pyplot as plt
import numpy as np
x=np.arange(-np.pi,np.pi,0.1)
y=np.sin(x)
plt.plot(x,y,color="green",linewidth=2.0,linestyle='-.')
plt.show()
```

【运行结果】

运行结果如图 1-20 所示。

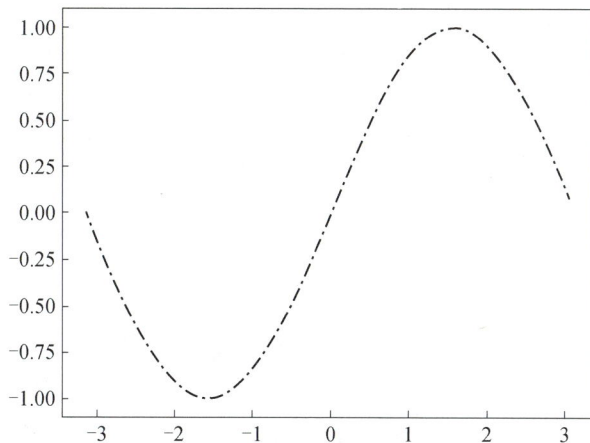

图 1-20　设置正弦曲线的风格

（3）设置图形网格线、图例。

plt.grid()：设置网络线；

plt.legend()：设置图例。

【程序代码】

```
import matplotlib.pyplot as plt
import numpy as np
x=np.arange(-np.pi,np.pi,0.1)
y=np.sin(x)
sin,cos=np.sin(x),np.cos(x)
plt.plot(x,sin,label='sin(x)')
plt.plot(x,cos,color='red',linewidth=2.0,linestyle=':',label='cos(x)')
plt.grid(True)
plt.legend()
plt.show()
```

【运行结果】

运行结果如图 1-21 所示。

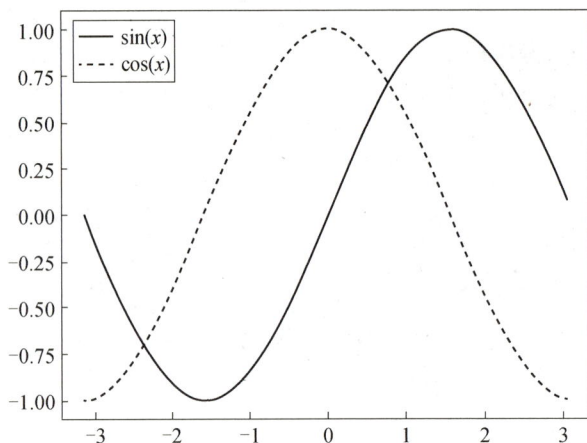

图 1-21　设置图形网格线、图例

（4）设置坐标轴。

plt.xlim()：设定横坐标范围；

plt.ylim()：设定纵坐标范围；

plt.xlabel()：横轴标识；

plt.ylabel()：纵轴标识；

plt.title()：设定图形的标题。

【程序代码】

```
import matplotlib.pyplot as plt
import numpy as np
x=np.arange(-np.pi,np.pi,0.1)
y=np.sin(x)
sin,cos=np.sin(x),np.cos(x)
```

```
plt.plot(x,sin,label='sin(x)')
plt.xlim(-4,4)
plt.ylim(-1.5,1.5)
plt.xlabel('x')
plt.ylabel('y')
plt.title('sinx')
plt.plot(x,y)
plt.show()
```

【运行结果】

运行结果如图 1-22 所示。

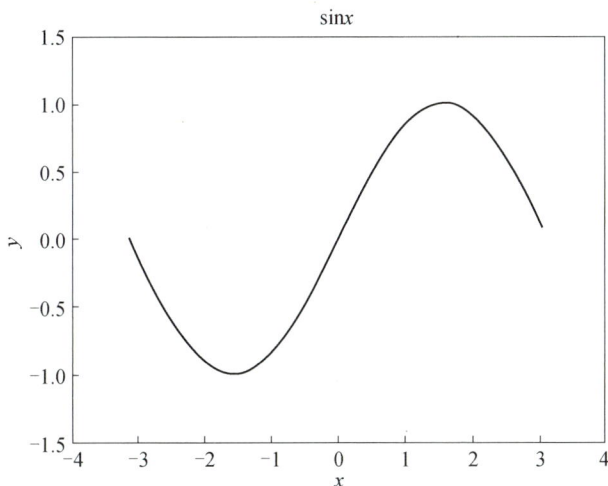

图 1-22　设置坐标轴

练习 1

1. 东方有限公司 2021 年的销售额如表 1-1 所示，请绘制出折线图。

表 1-1　东方有限公司 2021 年的销售额　　　　　　　　　　（单位：万元）

月份	一月	二月	三月	四月	五月	六月	七月	八月	九月	十月	十一月	十二月
销售额	143	278	345	456	543	578	456	435	556	678	564	865

2. 杨光同学高考分数为数学 150 分、语文 95 分、外语 120 分、物理 78 分、化学 90 分，请绘制柱状图表现其高考分数。

3. 计算定积分 $\int_0^1 (x+1)\mathrm{d}x$ 。

4. 已知矩阵 $A = \begin{pmatrix} 1 & 2 & 3 \\ 4 & 5 & 6 \\ 7 & 8 & 9 \end{pmatrix}$，$B = \begin{pmatrix} 1 & 1 \\ 2 & 2 \\ 3 & 3 \end{pmatrix}$，利用编程方法求 AB 。

练习 1　参考答案

第2章 微积分学初步

微积分主要研究一元及多元函数的极限、导数、微分与积分、微分方程，其相应的理论与算法已渗透到人工智能的各个角落。人工智能中许多理论与算法都是以微积分为基础的，如最小二乘法、线性回归、正向传播与反向传播、梯度下降法、牛顿迭代、人工智能最优化问题及数学建模等，都要用到微积分的相关知识及运算。

2.1 函数、极限与连续

2.1.1 函数

1. 函数概念

设 x 和 y 是两个变量，D 是一个给定的非空数集，若对于每个 $x \in D$，变量 y 按一定的法则总有唯一确定的值与之对应，则称 y 是 x 的函数，记为

$$y = f(x), \quad x \in D$$

式中，x 为自变量；y 为因变量；D 为函数的定义域，记为 D_f。

对于 $x_0 \in D$，与 x_0 对应的值 y_0 称为函数在 x_0 处的函数值，记为 $f(x_0)$，即 $y_0 = f(x_0)$。

函数 $y = f(x)$，$x \in D$ 的函数值的全体构成的集合称为函数的值域，记为 R_f，即

$$R_f = f(D) = \{y \mid y = f(x), x \in D\}$$

注意：函数的定义域和对应法则称为函数的两个要素。两个函数相等的充要条件是它们的定义域和对应法则相等。

函数常用的几种表示法：表格法、图形法、解析法（公式法）。

解析法又可分为显函数、隐函数、参数式函数。

2. 函数特性

（1）有界性。

设函数 $f(x)$ 的定义域为 D，数集 $X \subset D$，若存在正数 M，使得

$$|f(x)| \leqslant M$$

对于 $\forall x \in X$ 都成立，则称函数 $f(x)$ 在 X 上有界，称 $f(x)$ 为 X 上的有界函数，而 M 是函数 $f(x)$ 的一个界。如果具有上述性质的 M 不存在，就称函数 $f(x)$ 在 X 上无界。

常见的有界函数有 $\sin x$、$\cos x$、$\arcsin x$、$\arccos x$、$\arctan x$、$\text{arccot}\, x$ 等。

（2）单调性。

设函数 $f(x)$ 的定义域为 D，区间 $I \subset D$，若对于区间 I 上任意两点 x_1、x_2，当 $x_1 < x_2$ 时，恒有

$$f(x_1) < f(x_2)$$

则称函数 $f(x)$ 在区间 I 上是单调增加的。

若对于区间 I 上任意两点 x_1、x_2，当 $x_1 < x_2$ 时，恒有

$$f(x_1) > f(x_2)$$

则称函数 $f(x)$ 在区间 I 上是单调减少的。

（3）奇偶性。

设函数 $f(x)$ 的定义域 D 关于原点对称，若对于 $\forall x \in D$，总有

$$f(-x) = f(x)$$

则称 $f(x)$ 为偶函数。

若对于 $\forall x \in D$，总有

$$f(-x) = -f(x)$$

则称 $f(x)$ 为奇函数。

偶函数的图形是关于 y 轴对称的，奇函数的图形是关于原点对称的。

例如，$f(x) = x^2$ 是偶函数，$f(x) = x^3$ 是奇函数。

（4）周期性。

设函数 $f(x)$ 的定义域为 D。若存在一个不为零的数 T，使得对于 $\forall x \in D$，总有

$$f(x \pm T) = f(x)，\quad (x \pm T) \in D$$

则称 $f(x)$ 为周期函数。T 为 $f(x)$ 的周期，通常说的函数的周期是指最小正周期。

例如，$\sin x$、$\cos x$ 是以 2π 为周期的周期函数；$\tan x$、$\cot x$ 是以 π 为周期的周期函数。

3. 基本初等函数

（1）幂函数：$y = x^{\alpha}$（α 为任意实数）。

（2）指数函数：$y = a^x$（a 为常数且 $a > 0$，$a \neq 1$）。

（3）对数函数：$y = \log_a x$（a 为常数且 $a > 0$，$a \neq 1$）。特别记 $\log_e x = \ln x$。

（4）三角函数：$y = \sin x$、$y = \cos x$、$y = \tan x$、$y = \cot x$、$y = \sec x$、$y = \csc x$。

（5）反三角函数：$y = \arcsin x$、$y = \arccos x$、$y = \arctan x$、$y = \operatorname{arccot} x$。

以上五类函数统称为基本初等函数。

由基本初等函数及常量经过有限次四则运算和复合运算并能以一个式子表达的函数称为初等函数。

2.1.2　极限

1. 数列极限

设 $\{x_n\}$ 为一数列，当 $n \to \infty$ 时，$x_n \to a$，称常数 a 是数列 $\{x_n\}$ 的极限，或者称数列 $\{x_n\}$ 收敛于 a，记作

$$\lim_{n \to \infty} x_n = a \quad \text{或} \quad x_n \to a,\ n \to \infty$$

【例 2-1】求极限 $\lim\limits_{n \to \infty} \dfrac{2n^2 - n + 2}{4n^2 + 3n - 5}$。

scipy 中的 limit()函数为求极限函数，∞表示无穷。

【程序代码】

```
from sympy import *
n = symbols('n')
a= limit((2*n**2-n+2) / (4*n**2+3*n-5) , n, oo)
print(a)
```

【运行结果】

1/2

2. 函数极限

（1）$x \to \infty$ 时函数 $f(x)$ 的极限。

函数的自变量 $x \to \infty$ 是指 x 的绝对值无限增大，它包含以下两种情况。

x 取正值，无限增大，记作 $x \to +\infty$；

x 取负值，它的绝对值无限增大（x 无限减小），记作 $x \to -\infty$。

若 $x \to \infty$（$|x|$ 无限增大）时，函数 $f(x)$ 无限趋近于一个确定的常数 A，则称 A 为函数 $f(x)$ 在 $x \to \infty$ 时的极限，记作 $\lim\limits_{x \to \infty} f(x) = A$。

若 $x \to +\infty$ 时，函数 $f(x)$ 无限趋近于一个确定的常数 A，则称 A 为函数 $f(x)$ 在 $x \to +\infty$ 时的极限，记作 $\lim\limits_{x \to +\infty} f(x) = A$。

若 $x \to -\infty$ 时，函数 $f(x)$ 无限趋近于一个确定的常数 A，则称 A 为函数 $f(x)$ 在 $x \to -\infty$ 时的极限，记作 $\lim\limits_{x \to -\infty} f(x) = A$。

$\lim\limits_{x \to \infty} f(x)$ 存在的充要条件是 $\lim\limits_{x \to -\infty} f(x)$ 和 $\lim\limits_{x \to +\infty} f(x)$ 都存在且相等，即 $\lim\limits_{x \to \infty} f(x) = A \Leftrightarrow \lim\limits_{x \to -\infty} f(x) = \lim\limits_{x \to +\infty} f(x) = A$。

（2）$x \to x_0$ 时函数 $f(x)$ 的极限。

$x \to x_0$ 表示 x 无限趋近于 x_0，包括 x 从小于 x_0 和大于 x_0 的方向趋近于 x_0 的两种情况。

$x \to x_0^-$ 表示 x 从小于 x_0 的方向趋近于 x_0；

$x \to x_0^+$ 表示 x 从大于 x_0 的方向趋近于 x_0。

设函数 $f(x)$ 在 x_0 的某去心邻域 $N(\hat{x}_0, \delta)$ 内有定义，当自变量 x 在 $N(\hat{x}_0, \delta)$ 内无限趋近于 x_0 时，相应的函数值无限趋近于常数 A，称 A 为函数 $f(x)$ 在 $x \to x_0$ 时的极限，记作 $\lim\limits_{x \to x_0} f(x) = A$ 或 $f(x) \to A \ (x \to x_0)$。

当 $x \to x_0^-$ 时，函数 $f(x)$ 无限趋近于一个确定的常数 A，称 A 为函数 $f(x)$ 在 $x \to x_0$ 时的左极限，记作 $\lim\limits_{x \to x_0^-} f(x) = A$ 或 $f(x_0^-) = A$。

当 $x \to x_0^+$ 时，函数 $f(x)$ 无限趋近于一个确定的常数 A，称 A 为函数 $f(x)$ 在 $x \to x_0$ 时的右极限，记作 $\lim\limits_{x \to x_0^+} f(x) = A$ 或 $f(x_0^+) = A$。

由此可知，$\lim\limits_{x \to x_0} f(x)$ 存在的充要条件是 $\lim\limits_{x \to x_0^-} f(x)$ 和 $\lim\limits_{x \to x_0^+} f(x)$ 都存在且相等，即

$$\lim_{x \to x_0} f(x) = A \Leftrightarrow \lim_{x \to x_0^-} f(x) = \lim_{x \to x_0^+} f(x) = A。$$

【例 2-2】求极限 $\lim\limits_{x \to \infty} \left(\dfrac{3-x}{2-x}\right)^{2x}$。

【程序代码】

```
from sympy import *
x = symbols('x')
a = limit(((3-x)/(2-x))**(2*x),x,oo)
print(a)
```

【运行结果】

```
exp(-2)
```

【例 2-3】求 $\lim\limits_{x \to 0} \dfrac{\sin x}{x}$ 及 $\lim\limits_{x \to \infty} \dfrac{\sin x}{x}$，并绘图。

【程序代码】

```
from sympy import *
x = Symbol('x')   #定义符号表达式
f =sin(x)/x   #定义函数式
result = limit(f,x,0)   #求 x 趋近于 0 时的极限
print('x-->0,limit:',result)
result1 = limit(f,x,oo)   #求 x 趋近于无穷时的极限
print('x-->oo,limit:',result1)
plot(f, (x, -100, 100))
```

【运行结果】

```
x-->0,limit: 1
x-->oo,limit: 0
```

运行结果如图 2-1 所示。

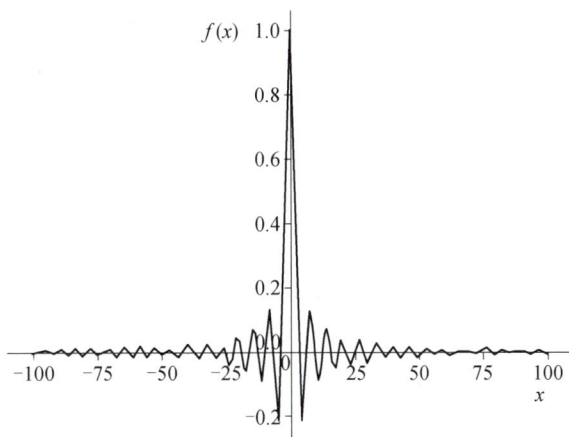

图 2-1　$\dfrac{\sin x}{x}$ 图形

2.1.3 连续

1. 连续

设函数 $y = f(x)$ 在点 x_0 的某邻域内有定义，当自变量 x 在点 x_0 处取得增量 Δx 时，相应地，函数 $y = f(x)$ 从 $f(x_0)$ 变到 $f(x_0 + \Delta x)$，则称

$$\Delta y = f(x_0 + \Delta x) - f(x_0)$$

为 $y = f(x)$ 在点 x_0 处的对应增量。

设函数 $y = f(x)$ 在点 x_0 的某邻域内有定义，当自变量 x 在点 x_0 处的增量 Δx 趋近于零时，函数 $y = f(x)$ 对应的增量 Δy 也趋近于零，即

$$\lim_{\Delta x \to 0} \Delta y = 0 \quad \text{或} \quad \lim_{\Delta x \to 0} \left[f(x_0 + \Delta x) - f(x_0) \right] = 0$$

则称函数 $y = f(x)$ 在点 x_0 处连续，称 x_0 为函数 $y = f(x)$ 的连续点。

注意：上述定义表明，函数在某点连续的本质特征是，当自变量变化很小时，对应的函数值的变化也很小。

在以上定义中，令 $x = x_0 + \Delta x$，即 $\Delta x = x - x_0$，则当 $\Delta x \to 0$ 时，$x \to x_0$，有

$$\Delta y = f(x_0 + \Delta x) - f(x_0) = f(x) - f(x_0)$$

设函数 $y = f(x)$ 在点 x_0 的某邻域内有定义，当自变量 x 趋近于 x_0 时，函数 $y = f(x)$ 的极限存在，且等于函数在点 x_0 处的函数值，即

$$\lim_{x \to x_0} f(x) = f(x_0)$$

则称函数 $y = f(x)$ 在点 x_0 处连续。

2. 间断

若函数 $y = f(x)$ 在点 x_0 处不连续，则称函数 $y = f(x)$ 在点 x_0 处间断，称 x_0 为函数 $y = f(x)$ 的间断点。

根据函数在间断点附近的变化特性，将间断点分为以下两种类型。

设 x_0 是函数的间断点，若点 x_0 的左、右极限都存在，则称点 x_0 为第一类间断点；否则称点 x_0 为第二类间断点。

第一类间断点又分为可去间断点（左、右极限存在且相等）和跳跃间断点（左、右极限存在但不等）。

2.2 导数与微分

2.2.1 导数

1. 导数概念

设函数 $y = f(x)$ 在点 x_0 的某邻域内有定义，当自变量 x 在点 x_0 处取得增量 Δx（点 $x_0 + \Delta x$ 仍在该邻域内）时，函数 $y = f(x)$ 取得增量 $\Delta y = f(x_0 + \Delta x) - f(x_0)$；当 $\Delta x \to 0$ 时，Δy 与 Δx 之比的极限存在，称函数 $y = f(x)$ 在点 x_0 处可导，并称这个极限为函数 $y = f(x)$ 在

点 x_0 处的导数，记为 $y'|_{x=x_0}$ ，即

$$y'|_{x=x_0} = \lim_{\Delta x \to 0} \frac{\Delta y}{\Delta x} = \lim_{\Delta x \to 0} \frac{f(x_0 + \Delta x) - f(x_0)}{\Delta x}$$

也可记作 $f'(x_0)$ ， $\frac{dy}{dx}|_{x=x_0}$ 或 $\frac{df(x)}{dx}|_{x=x_0}$ 。

若函数 $y = f(x)$ 在开区间 I 内的每点处都可导，则称函数 $f(x)$ 在开区间 I 内可导。这时，对于 $x \in I$ ，都对应函数 $f(x)$ 的一个确定的导数值。这样就构成了一个新的函数，这个新的函数叫作原函数 $y = f(x)$ 的导函数，记作

$$y', \ f'(x), \ \frac{dy}{dx} \text{或} \frac{df(x)}{dx}$$

函数 $y = f(x)$ 在点 x_0 处的导数 $f'(x_0)$ 在几何上表示曲线 $y = f(x)$ 在点 $M(x_0, y_0)$ 处的切线的斜率，即 $f'(x_0) = \tan \alpha$ ，其中 α 是切线的倾角。如果 $y = f(x)$ 在点 x_0 处的导数为无穷大，那么曲线 $y = f(x)$ 在点 $M(x_0, y_0)$ 处具有垂直于 x 轴的切线 $x = x_0$ 。根据导数的几何意义并应用直线的点斜式方程可知，曲线 $y = f(x)$ 在点 $M(x_0, y_0)$ 处的切线方程为

$$y - y_0 = f'(x_0)(x - x_0)$$

过切点 $M(x_0, y_0)$ 且与切线垂直的直线叫作曲线 $y = f(x)$ 在点 M 处的法线。如果 $f'(x_0) \neq 0$ ，那么法线的斜率为 $-\frac{1}{f'(x_0)}$ ，法线方程为 $y - y_0 = -\frac{1}{f'(x_0)}(x - x_0)$ 。

如果 $f'(x_0) = 0$ ，切线方程为 $y = y_0$ ，那么法线方程为 $x = x_0$ 。

2. 求导法则

（1）导数的四则运算法则。

$[u(x) \pm v(x)]' = u'(x) \pm v'(x)$ ；

$[u(x) \cdot v(x)]' = u'(x)v(x) + u(x)v'(x)$ ；

$\left[\dfrac{u(x)}{v(x)} \right]' = \dfrac{u'(x)v(x) - u(x)v'(x)}{v^2(x)}, \ v(x) \neq 0$ 。

（2）反函数的导数。

设函数 $x = \varphi(y)$ 在区间 I_y 内单调可导且 $\varphi'(y) \neq 0$ ，则其反函数 $y = f(x)$ 在对应的区间 I_x 内也可导，且

$$f'(x) = \frac{1}{\varphi'(y)} \quad \text{或} \quad \frac{dy}{dx} = \frac{1}{\dfrac{dx}{dy}}$$

（3）复合函数的求导法则。

若函数 $u = g(x)$ 在点 x 处可导，而 $y = f(u)$ 在点 $u = g(x)$ 处可导，则复合函数 $y = f[g(x)]$ 在点 x 处可导，且

$$\frac{dy}{dx} = \frac{dy}{du} \cdot \frac{du}{dx}$$

3. 常见求导公式

（1）$(c)' = 0$（c 为常数）。

（2）$(x^\alpha)' = \alpha x^{\alpha-1}$（$\alpha$ 为实数）。

（3）$(a^x)' = a^x \ln a$（$a > 0$，$a \neq 1$）。

（4）$(e^x)' = e^x$。

（5）$(\log_a x)' = \dfrac{1}{x \ln a}$（$a > 0$，$a \neq 1$）。

（6）$(\ln x)' = \dfrac{1}{x}$。

（7）$(\sin x)' = \cos x$。

（8）$(\cos x)' = -\sin x$。

（9）$(\tan x)' = \sec^2 x$。

（10）$(\cot x)' = -\csc^2 x$。

（11）$(\sec x)' = \sec x \tan x$。

（12）$(\csc x)' = -\csc x \cot x$。

（13）$(\arcsin x)' = \dfrac{1}{\sqrt{1-x^2}}$（$-1 < x < 1$）。

（14）$(\arccos x)' = -\dfrac{1}{\sqrt{1-x^2}}$（$-1 < x < 1$）。

（15）$(\arctan x)' = \dfrac{1}{1+x^2}$。

（16）$(\text{arccot}\, x)' = -\dfrac{1}{1+x^2}$。

【例 2-4】求 $y = \sin^2 x$ 的导数。

求导函数为 diff(f, n)，其中，f 为求导函数；n 为几阶导数。

【程序代码】

```
import sympy
from sympy import *
x=symbols('x')
f = sin(x)**2
print(f.diff())
```

【运行结果】

```
2*sin(x)*cos(x)
```

【例 2-5】求 $y = 5x^4 + \sin x$ 的二阶导数，并求出二阶导数在 $x = 1$ 处的值。

【程序代码】

```
from sympy import *
x=symbols('x')
f = 5*x**4+sin(x)
print(f.diff(x,2))
print(f.diff(x,2).evalf(subs={x:1}))
```

【运行结果】

```
60*x**2 - sin(x)
59.1585290151921
```

4. 隐函数的导数

由 $y = f(x)$ 表示的函数称为显函数。而由方程 $F(x, y) = 0$ 可确定 y 是 x 的函数，则称 $y = y(x)$ 是其确定的隐函数。此时，将 x 看作自变量，y 看作中间变量，可利用复合函数求导法则求隐函数的导数。

【例 2-6】设 $y = y(x)$ 是由方程 $e^y + xy - y^2 = 0$ 确定的隐函数，求 $\dfrac{dy}{dx}$。

【程序代码】

```
from sympy import *
x,y=symbols('x y')
F = exp(y)+x*y-y**2
dydx=idiff(F, y, x)
print(dydx)
```

【运行结果】

```
-y/(x - 2*y + exp(y))
```

5. 参数式函数的导数

若由参数方程

$$\begin{cases} x = \phi(t) \\ y = \psi(t) \end{cases}$$

确定 y 与 x 之间的函数关系，则称此函数关系表示的函数为参数式函数。

此时

$$\frac{dy}{dx} = \frac{\psi'(t)}{\phi'(t)} \quad \text{或} \quad \frac{dy}{dx} = \frac{\dfrac{dy}{dt}}{\dfrac{dx}{dt}}$$

【例 2-7】求参数式函数 $\begin{cases} x = e^t \cos t \\ y = e^t \sin t \end{cases}$ 的导数 $\dfrac{dy}{dx}$。

【程序代码】

```
from sympy import *
t = symbols('t')
x = exp(t) * cos(t)
y = exp(t) * sin(t)
f = diff(y, t) / diff(x, t)
print(f)
```

【运行结果】

```
(exp(t)*sin(t) + exp(t)*cos(t))/(-exp(t)*sin(t) + exp(t)*cos(t))
```

2.2.2 微分

1. 微分概念

设函数 $y=f(x)$ 在某区间内有定义，点 x_0 及点 $x_0+\Delta x$ 在这区间内，函数的增量 $\Delta y=f(x_0+\Delta x)-f(x_0)$ 可以表示为

$$\Delta y = A\Delta x + o(\Delta x)$$

式中，$o(\Delta x)$ 是 Δx 的高阶无穷小；A 是不依赖 Δx 的常数，则称函数 $y=f(x)$ 在点 x_0 处是可微的。而 $A\Delta x$ 叫作函数 $y=f(x)$ 在点 x_0 处相对 Δx 的微分，记作 $\mathrm{d}y$，即

$$\mathrm{d}y = A\Delta x$$

注意：若函数 $y=f(x)$ 在点 x_0 处可微，则函数 $y=f(x)$ 在点 x_0 处的微分 $\mathrm{d}y$ 是 Δx 的线性函数；$\Delta y-\mathrm{d}y=o(\Delta x)$，即 $\Delta y-\mathrm{d}y$ 是 Δx 的高阶无穷小；当 $A\neq 0$ 时，$\mathrm{d}y$ 与 Δy 是等价无穷小，所以称 $\mathrm{d}y$ 是 Δy 的线性主部。

2. 函数可微的条件

函数 $y=f(x)$ 在点 x_0 处可微的充要条件是函数 $y=f(x)$ 在点 x_0 处可导，并且函数 $y=f(x)$ 在点 x_0 处的微分等于其在点 x_0 处的导数与 Δx 的乘积，即

$$\mathrm{d}y = f'(x_0)\Delta x$$

函数 $y=f(x)$ 在任意一点 x 处的微分，称为函数的微分，记为 $\mathrm{d}y$ 或 $\mathrm{d}f(x)$，有 $\mathrm{d}y=f'(x)\Delta x$。

如果 $y=x$，那么 $\mathrm{d}x=x'\Delta x=\Delta x$，所以

$$\mathrm{d}y = f'(x)\mathrm{d}x$$

从而有

$$\frac{\mathrm{d}y}{\mathrm{d}x} = f'(x)$$

由此可得，函数的导数等于函数的微分与自变量的微分的商，因此，导数又称为"微商"。

3. 利用微分进行近似计算

当 $|\Delta x|$ 很小时，有

$$\Delta y \approx \mathrm{d}y = f'(x_0)\Delta x$$
$$\Delta y = f(x_0+\Delta x)-f(x_0) \approx f'(x_0)\Delta x$$

得到

$$f(x_0+\Delta x) \approx f(x_0)+f'(x_0)\Delta x$$

或

$$f(x) \approx f(x_0)+f'(x_0)(x-x_0)$$

当 $x_0=0$ 时（当 $|x|$ 很小时），得

$$f(x) \approx f(0)+f'(0)x$$

常用近似计算公式如下。

（1）$\sqrt[n]{1+x} \approx 1+\dfrac{1}{n}x$。

（2）$\sin x \approx x$。

（3）$\tan x \approx x$。

（4）$e^x \approx 1+x$。

（5）$\ln(1+x) \approx x$。

2.2.3　偏导数与全微分

一元函数相应的概念、性质及运算可推广到多元函数。

1.偏导数

设函数 $z=f(x,y)$ 在点 $P_0(x_0,y_0)$ 的某邻域 D 内有定义，点 $P(x_0+\Delta x,y_0)$ 也为 D 内的一点，如果极限 $\lim\limits_{\Delta x\to 0}\dfrac{\Delta z_x}{\Delta x}=\lim\limits_{\Delta x\to 0}\dfrac{f(x_0+\Delta x,y_0)-f(x_0,y_0)}{\Delta x}$ 存在，那么称此极限值为函数 $z=f(x,y)$ 在点 $P_0(x_0,y_0)$ 处对 x 的偏导数，记为

$$\left.\frac{\partial z}{\partial x}\right|_{\substack{x=x_0\\y=y_0}} \quad 或 \quad \left.\frac{\partial f}{\partial x}\right|_{\substack{x=x_0\\y=y_0}}, \quad z'_x(x_0,y_0) 或 \quad f'_x(x_0,y_0)$$

类似地，若点 $P(x_0,y_0+\Delta y)$ 也为 D 内的一点，且极限 $\lim\limits_{\Delta y\to 0}\dfrac{\Delta z_y}{\Delta y}=\lim\limits_{\Delta y\to 0}\dfrac{f(x_0,y_0+\Delta y)-f(x_0,y_0)}{\Delta y}$ 存在，则称此极限值为函数 $z=f(x,y)$ 在点 $P_0(x_0,y_0)$ 处对 y 的偏导数，记为

$$\left.\frac{\partial z}{\partial y}\right|_{\substack{x=x_0\\y=y_0}} \quad 或 \quad \left.\frac{\partial f}{\partial y}\right|_{\substack{x=x_0\\y=y_0}}, \quad z'_y(x_0,y_0) 或 \quad f'_y(x_0,y_0)$$

一般地，有 $\dfrac{\partial z}{\partial x}=f'_x(x,y)=\lim\limits_{\Delta x\to 0}\dfrac{f(x+\Delta x,y)-f(x,y)}{\Delta x}$；$\dfrac{\partial z}{\partial y}=f'_y(x,y)=\lim\limits_{\Delta y\to 0}\dfrac{f(x,y+\Delta y)-f(x,y)}{\Delta y}$。

【例 2-8】设 $f(x,y)=e^{-2x}\cos(x+2y)$，求 $f'_x\left(0,\dfrac{\pi}{4}\right)$，$f'_y\left(0,\dfrac{\pi}{4}\right)$。

【程序代码】

```
from sympy import *
x,y=symbols('x y')
F = exp(-2*x)*cos(x+2*y)
dFdx=F.diff(x)
print(dFdx)
print(dFdx.evalf(subs={x:0,y:pi/4}))
dFdy=F.diff(y)
print(dFdy)
print(dFdy.evalf(subs={x:0,y:pi/4}))
```

【运行结果】

```
-exp(-2*x)*sin(x + 2*y) - 2*exp(-2*x)*cos(x + 2*y)
```

```
-1.00000000000000
-2*exp(-2*x)*sin(x + 2*y)
-2.00000000000000
```

2. 全微分

设函数 $z = f(x, y)$ 在点 (x_0, y_0) 的某邻域 D 内有定义，点 $P(x_0 + \Delta x, y_0 + \Delta y)$ 为该邻域内的任意一点，全增量 $\Delta z = f(x_0 + \Delta x, y_0 + \Delta y) - f(x_0, y_0)$。

若 Δz 可表示为 $\Delta z = A\Delta x + B\Delta y + o(\rho)$，其中 A、B 与 Δx、Δy 无关，仅与 x_0、y_0 有关，$\rho = \sqrt{(\Delta x)^2 + (\Delta y)^2}$，$o(\rho)$ 是 ρ 的高阶无穷小，则称 $A\Delta x + B\Delta y$ 为函数 $f(x, y)$ 在点 (x_0, y_0) 处的全微分，记为 $\mathrm{d}z\big|_{\substack{x=x_0 \\ y=y_0}}$ 或 $\mathrm{d}f(x_0, y_0)$。

若函数 $z = f(x, y)$ 在 D 内的每点都可微，则称函数 $f(x, y)$ 在 D 内可微，$\mathrm{d}z = \frac{\partial z}{\partial x}\mathrm{d}x + \frac{\partial z}{\partial y}\mathrm{d}y = f'_x(x, y)\mathrm{d}x + f'_y(x, y)\mathrm{d}y$。

2.2.4 方向导数与梯度

方向导数与梯度在人工智能领域，特别是神经网络中应用较多，用于描述函数按什么方向变化速度最快。

1. 方向导数

设 $z = f(x, y)$ 在点 $P_0(x_0, y_0)$ 的某邻域 $U(P_0)$ 内有定义，以点 P_0 为起点引方向射线 l，任取 $P(x_0 + \Delta x, y_0 + \Delta y) \in l$。若 $\lim\limits_{\rho \to 0} \dfrac{f(x_0 + \Delta x, y_0 + \Delta y) - f(x_0, y_0)}{\rho}$ 存在，$\rho = |P_0 P|$，则称此极限值为函数 $z = f(x, y)$ 在点 P_0 处沿 l 的方向导数，记作 $\dfrac{\partial f}{\partial l}$，即 $\dfrac{\partial f}{\partial l}\bigg|_{P_0} = \lim\limits_{\rho \to 0} \dfrac{f(x_0 + \Delta x, y_0 + \Delta y) - f(x_0, y_0)}{\rho}$。

一般地，有 $\dfrac{\partial f}{\partial l}\bigg|_P = \lim\limits_{\rho \to 0} \dfrac{f(x + \Delta x, y + \Delta y) - f(x, y)}{\rho}$。

根据定义，设 $z = f(x, y)$ 在点 $P(x, y)$ 处可微，则 $f(x, y)$ 在点 P 处沿任意方向 l 的方向导数均存在，且 $\dfrac{\partial f}{\partial l}\bigg|_P = \dfrac{\partial f}{\partial x}\bigg|_P \cos\alpha + \dfrac{\partial f}{\partial y}\bigg|_P \sin\alpha$，其中，$\boldsymbol{l}^0 = (\cos\alpha, \sin\alpha) = (\dfrac{\Delta x}{\rho}, \dfrac{\Delta y}{\rho})$，$\alpha$ 为 x 轴到 l 的转角。

【例 2-9】求函数 $z = xe^{2y}$ 在点 $P(1,0)$ 处沿点 $P(1,0)$ 到点 $Q(2,-1)$ 的方向导数。

【解答】$\boldsymbol{l} = \boldsymbol{PQ} = (1,-1)$，因此 x 轴到 l 的转角 $\alpha = -\dfrac{\pi}{4}$。

又 $\dfrac{\partial z}{\partial x} = e^{2y}$，$\dfrac{\partial z}{\partial y} = 2xe^{2y}$，所以 $\dfrac{\partial z}{\partial l} = 1 \cdot \cos(-\dfrac{\pi}{4}) + 2 \cdot \sin(-\dfrac{\pi}{4}) = -\dfrac{\sqrt{2}}{2}$。

2. 梯度

与方向导数有关联的一个重要概念是梯度，对于二元函数 $z = f(x, y)$，称向量 $\dfrac{\partial z}{\partial x}\boldsymbol{i} +$

$\frac{\partial z}{\partial y}\boldsymbol{j}=(\frac{\partial z}{\partial x},\frac{\partial z}{\partial y})$ 为 $z=f(x,y)$ 在点 (x,y) 处的梯度，记作 $\mathbf{grad}f(x,y)$，$\mathbf{grad}f(x,y)=(\frac{\partial z}{\partial x},\frac{\partial z}{\partial y})$。

同理，对于 n 元实函数 $f(x_1,x_2,\cdots,x_n)$，其对每个分量 x_i $(i=1,2,\cdots,n)$ 均可导，称 $(\frac{\partial f}{\partial x_1},\frac{\partial f}{\partial x_2},\cdots,\frac{\partial f}{\partial x_n})$ 为函数 $f(x_1,x_2,\cdots,x_n)$ 的梯度，记为 $\mathbf{grad}f(x_1,x_2,\cdots,x_n)$ 或 $\nabla f(x_1,x_2,\cdots,x_n)$，即 $\mathbf{grad}f(x_1,x_2,\cdots,x_n)=\nabla f(x_1,x_2,\cdots,x_n)=(\frac{\partial f}{\partial x_1},\frac{\partial f}{\partial x_2},\cdots,\frac{\partial f}{\partial x_n})$。

沿梯度方向的方向导数一定是方向导数的最大值，即梯度方向是函数 $z=f(x,y)$ 在该点增长最快的方向。

函数在某点的梯度是这样一个向量，它的方向与取得最大方向导数的方向一致，而它的模为方向导数的最大值。

【例 2-10】求函数 $z=2x^3y-3xy^3$ 的梯度。

【程序代码】

```
from sympy import *
x,y=symbols('x y')
F = 2*x**3*y-3*x*y**3
dFdx=F.diff(x)
dFdy=F.diff(y)
print("[",dFdx,",",dFdy,"]")
```

【运行结果】

```
[6*x**2*y-3*y**3,2*x**3-9*x*y**2]
```

2.3 导数应用

在人工智能算法中，常常借助导数来研究函数单调性、凹凸性、极值和基于梯度的寻优算法等。

2.3.1 单调性判定

利用一阶导数可判定曲线的单调性，可划分函数的单调区间。

设函数 $y=f(x)$ 在 $[a,b]$ 上连续，在 (a,b) 内可导。

（1）若在 (a,b) 内，$f'(x)>0$，则 $y=f(x)$ 在 $[a,b]$ 上单调增加。

（2）若在 (a,b) 内，$f'(x)<0$，则 $y=f(x)$ 在 $[a,b]$ 上单调减少。

【例 2-11】判断函数 $f(x)=2x^3-6x^2-18x+7$ 的单调区间、极值点。

【程序代码】

```
from sympy import *
x = Symbol('x')
f=2*(x**3) - 6*(x**2) -18*x+7
plot(f,(x, -10, 10))
dfdx=f.diff(x)
print(dfdx)
```

```
plot(dfdx,(x, -10, 10))
root =solve(dfdx, x)
print('导数为 0 的 x 值为', root)
```

【运行结果】

```
6*x**2 - 12*x - 18
导数为 0 的 x 值为 [-1, 3]
```

运行结果如图 2-2 和图 2-3 所示。

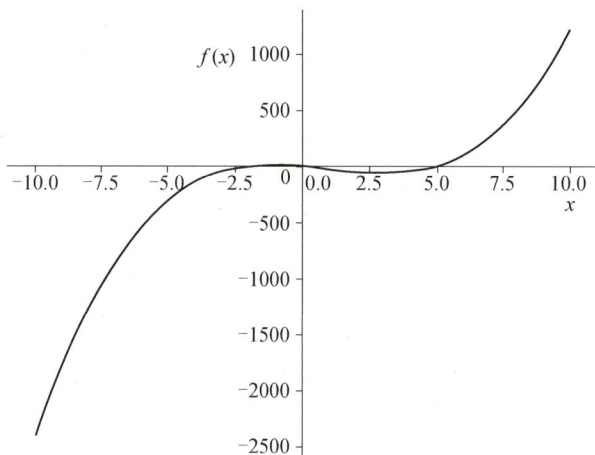

图 2-2 $f(x) = 2x^3 - 6x^2 - 18x + 7$ 图

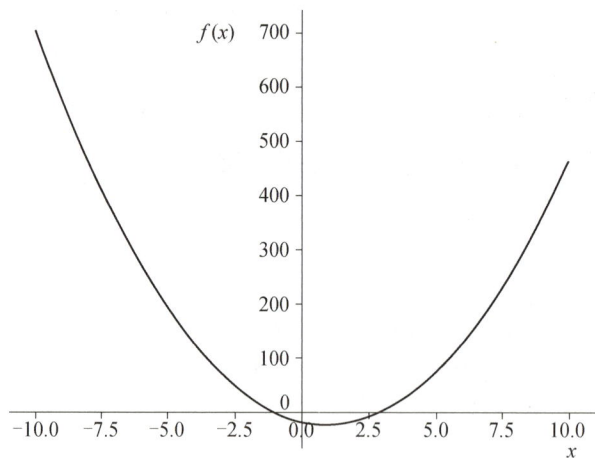

图 2-3 $f(x) = 2x^3 - 6x^2 - 18x + 7$ 导数图

运行结果显示，单调增区间为 $(-\infty, -1]$, $[3, +\infty)$ ；单调减区间为 $[-1, 3]$。

2.3.2　凹凸性判定

设 $f(x)$ 在 $[a,b]$ 上连续，在 $[a,b]$ 内具有一阶和二阶导数。

（1）若在 (a,b) 内，$f''(x) > 0$，则 $f(x)$ 在 $[a,b]$ 上的图形是凹的。

（2）若在 (a,b) 内，$f''(x) < 0$，则 $f(x)$ 在 $[a,b]$ 上的图形是凸的。

【例 2-12】判断函数 $f(x) = x^3 - 3x^2 - 1$ 的凹凸性。

【程序代码】

```
from sympy import *
x = Symbol('x')
f= x**3 - 3*x**2 -1
plot(f,(x, -2, 2))
dfdx2=f.diff(x,2)
print(dfdx2)
plot(dfdx2,(x, -2, 2))
root =solve(dfdx2, x)
print('拐点横坐标为：', root)
```

【运行结果】

```
6*(x - 1)
拐点横坐标为：[1]
```

运行结果显示凸区间为 $(-\infty, 1]$；凹区间为 $[1, +\infty)$，如图 2-4、图 2-5 所示。

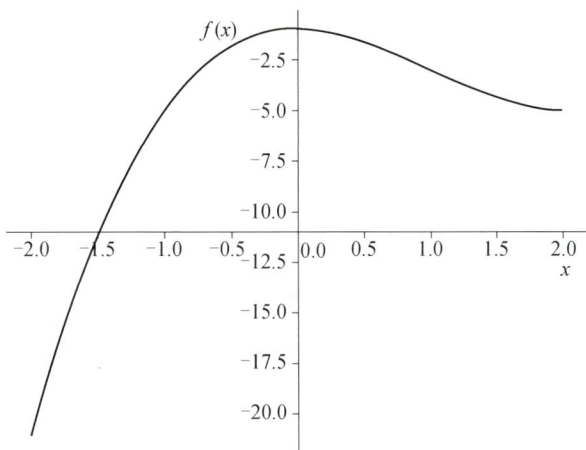

图 2-4　$f(x) = x^3 - 3x^2 - 1$ 图

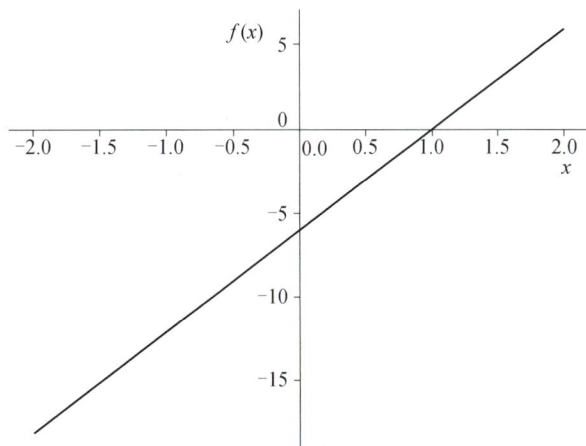

图 2-5　$f(x) = x^3 - 3x^2 - 1$ 导数图

2.3.3　一元函数极值

1. 判定极值的方法一

设 $f(x)$ 在点 x_0 的某去心邻域内可导，在点 x_0 处连续，x_0 是驻点或 $f'(x_0)$ 不存在。

（1）如果当 x 取 x_0 左侧邻近的值时，$f'(x)>0$；当 x 取 x_0 右侧邻近的值时，$f'(x)<0$，那么函数 $f(x)$ 在点 x_0 处取极大值，x_0 为极大值点。

（2）如果当 x 取 x_0 左侧邻近的值时，$f'(x)<0$；当 x 取 x_0 右侧邻近的值时，$f'(x)>0$，那么函数 $f(x)$ 在点 x_0 处取极小值，x_0 为极小值点。

（3）如果当 x 取 x_0 左、右两侧邻近的值时，$f'(x)$ 的符号不改变，那么 $f(x)$ 在点 x_0 处不取极值。

2. 判定极值的方法二

设 $x=x_0$ 为函数 $f(x)$ 的一个驻点，且在该点处二阶导数存在，此时可借助二阶导数来判定极值。

（1）若 $f''(x_0)>0$，则 $f(x_0)$ 为极小值。

（2）若 $f''(x_0)<0$，则 $f(x_0)$ 为极大值。

（3）若 $f''(x_0)=0$，则无法判定。

注意：方法二仅对驻点有效。

【例 2-13】求函数 $y=x^3-6x^2+9x+5$，$x\in[0,5]$ 的极值和最值。

【程序代码】

```
from scipy import optimize
fun1 = lambda x: x**3-6*x**2+9*x+5
fun2 = lambda x: -(x**3-6*x**2+9*x+5)
xmin = optimize.minimize(fun1, 2)
xmax = optimize.minimize(fun2, 2)
print('极小值点和极小值为', xmin.x[0], xmin.fun)
print('极大值点和极大值为', xmax.x[0], xmax.fun)
print('最小值为', min(fun1(0), xmin.fun, -xmax.fun, fun1(5)))
print('最大值为', max(fun1(0), xmin.fun, -xmax.fun, fun1(5)))
```

【运行结果】

```
极小值点和极小值为 3.0000000143151397 4.9999999999999964
极大值点和极大值为 1.0000000050689755 9.0
最小值为 4.9999999999999964
最大值为 25
```

2.3.4　多元函数极值

与导数相似，可借助偏导数求多元函数的极值与最值。多元函数极值分为有条件极值与无条件极值。

1. 极值概念

设函数 $z = f(x, y)$ 在点 (x_0, y_0) 的某邻域内有定义，若对于该邻域内任何异于点 (x_0, y_0) 的点 (x, y)，总有

$$f(x, y) \leqslant f(x_0, y_0) \text{ 或 } f(x, y) \geqslant f(x_0, y_0)$$

则称点 (x_0, y_0) 为函数 $z = f(x, y)$ 的极大值点（或极小值点），$f(x_0, y_0)$ 为极大值（或极小值）。

2. 多元函数极值存在的必要条件

设函数 $z = f(x, y)$ 在点 $P_0(x_0, y_0)$ 处取得极值，且在该点的偏导数存在，则在该点处的偏导数必然为零，即 $f_x'(x_0, y_0) = 0$，$f_y'(x_0, y_0) = 0$。

此时，点 $P_0(x_0, y_0)$ 称为函数 $z = f(x, y)$ 的驻点。

注意：具有偏导数的函数极值点必定是驻点，但函数的驻点不一定是极值点。

例如，函数 $z = xy$ 在点 $(0, 0)$ 处的两个偏导数都是零，但该函数在点 $(0, 0)$ 处既不取极大值也不取极小值。

3. 极值存在的充分条件

设函数 $z = f(x, y)$ 在点 $P_0(x_0, y_0)$ 的某邻域内连续且有连续的一阶和二阶偏导数，点 $P_0(x_0, y_0)$ 为函数 $f(x, y)$ 的驻点，即 $f_x'(x_0, y_0) = 0$，$f_y'(x_0, y_0) = 0$。

记 $A = f_{xx}''(x_0, y_0)$，$B = f_{xy}''(x_0, y_0)$，$C = f_{yy}''(x_0, y_0)$，则有如下结论。

（1）当 $B^2 - AC < 0$ 时，$f(x_0, y_0)$ 为函数 $f(x, y)$ 的极值，且 $A < 0$ 时为极大值，$A > 0$ 时为极小值。

（2）当 $B^2 - AC > 0$ 时，$f(x_0, y_0)$ 不为函数 $f(x, y)$ 的极值。

（3）当 $B^2 - AC = 0$ 时，$f(x_0, y_0)$ 可能是函数 $f(x, y)$ 的极值，也可能不是函数 $f(x, y)$ 的极值。

求函数极值的一般步骤如下。

（1）求出函数的两个偏导数 $f_x'(x, y)$、$f_y'(x, y)$。

（2）求方程组 $\begin{cases} f_x'(x, y) = 0 \\ f_y'(x, y) = 0 \end{cases}$ 的所有实数解，得到函数的所有驻点。

（3）求出 $f_{xx}''(x, y)$、$f_{xy}''(x, y)$、$f_{yy}''(x, y)$，对于每个驻点 (x_0, y_0)，求出二阶偏导数的值 A、B、C。

（4）对于每个驻点 (x_0, y_0)，判断出 $B^2 - AC$ 的符号，由极值存在的充分条件确定 $f(x_0, y_0)$ 是否为极值，如果是极值，判断是极大值还是极小值。

【例 2-14】求函数 $f(x, y) = x^3 - y^3 + 3x^2 + 3y^2 - 9x$ 的极值。

【解答】由于 $f_x'(x, y) = 3x^2 + 6x - 9$，$f_y'(x, y) = -3y^2 + 6y$。

令 $f_x'(x, y) = 0$，$f_y'(x, y) = 0$，解方程组 $\begin{cases} 3x^2 + 6x - 9 = 0 \\ -3y^2 + 6y = 0 \end{cases}$。

求得函数 $f(x, y)$ 驻点为 $(1, 0)$、$(1, 2)$、$(-3, 0)$、$(-3, 2)$。

$f_{xx}''(x, y) = 6x + 6$，$f_{xy}''(x, y) = 0$，$f_{yy}''(x, y) = -6y + 6$。

在点 $(1,0)$ 处，$A=12$，$B=0$，$C=6$，$B^2-AC=0-12\times6<0$ 且 $A=12>0$，所以点 $(1,0)$ 为函数 $f(x,y)$ 的极小值点，极小值为 $f(1,0)=-5$；

在点 $(1,2)$ 处，$A=12$，$B=0$，$C=-6$，$B^2-AC=0-12\times(-6)>0$，所以点 $(1,2)$ 不是函数 $f(x,y)$ 的极值点；

在点 $(-3,0)$ 处，$A=-12$，$B=0$，$C=6$，$B^2-AC=0-(-12)\times6>0$，所以点 $(-3,0)$ 不是函数 $f(x,y)$ 的极值点；

在点 $(-3,2)$ 处，$A=-12$，$B=0$，$C=-6$，$B^2-AC=0-(-12)\times(-6)<0$，且 $A=-12<0$，所以点 $(-3,2)$ 为函数 $f(x,y)$ 的极大值点，极大值为 $f(-3,2)=31$。

【例 2-15】 某厂要用铁板做一个体积为 2m^3 的有盖长方体水箱，问当长、宽、高各取多少时，用料最省？

【解答】 设水箱的长为 $x\text{ m}$，宽为 $y\text{ m}$，则其高应为 $\dfrac{2}{xy}\text{m}$，此水箱材料的面积为

$$S=2\left(xy+y\cdot\frac{2}{xy}+x\cdot\frac{2}{xy}\right)=2\left(xy+\frac{2}{x}+\frac{2}{y}\right)(x>0，y>0)$$

此时 $S'_x=2\left(y-\dfrac{2}{x^2}\right)$，$S'_y=2\left(x-\dfrac{2}{y^2}\right)$，令 $S'_x=0$，$S'_y=0$，即

$$\begin{cases}2\left(y-\dfrac{2}{x^2}\right)=0\\[2mm]2\left(x-\dfrac{2}{y^2}\right)=0\end{cases}$$

求得 $x=\sqrt[3]{2}$，$y=\sqrt[3]{2}$，因此高为 $\dfrac{2}{\sqrt[3]{2}\cdot\sqrt[3]{2}}=\sqrt[3]{2}\text{ m}$。

由问题的实际意义，水箱材料的面积的最小值一定存在，又只有一个驻点，因此当长、宽、高均为 $\sqrt[3]{2}\text{ m}$ 时，用料最省。

4. 有条件极值

求函数 $z=f(x,y)$ 在条件 $\phi(x,y)=0$ 下的极值，通常可以将其转化为无条件极值，也可利用拉格朗日乘数法建立拉格朗日函数为

$$L(x,y,\lambda)=f(x,y)+\lambda\phi(x,y)$$

求此函数的驻点 (x_0,y_0,λ)，此时 (x_0,y_0) 一般就是所要求的极值点。

【例 2-16】 将周长为 $2p$ 的矩形绕它的一边旋转构成一个圆柱体，问当矩形的边长各为多少时，圆柱体的体积最大？

【解答】 设矩形的长、宽为 x、y，则 $x+y=p$，将矩形绕它的一边旋转构成一个圆柱体，则圆柱体的底面半径为 x，高为 y，体积为

$$V=\pi x^2 y$$

建立拉格朗日函数为

$$L(x,y,\lambda)=\pi x^2 y+\lambda(x+y-p)$$

分别求偏导，且令偏导分别等于 0，有

$$\begin{cases} \dfrac{\partial L}{\partial x} = 2\pi xy + \lambda = 0 \\[2mm] \dfrac{\partial L}{\partial y} = \pi x^2 + \lambda = 0 \\[2mm] \dfrac{\partial L}{\partial \lambda} = x + y - p = 0 \end{cases}$$

解得

$$\begin{cases} x = \dfrac{2}{3} p \\[2mm] y = \dfrac{1}{3} p \end{cases}$$

由于此点为唯一驻点，加上问题的实际意义，从而为最大值点。当长为 $\dfrac{2}{3} p$，宽为 $\dfrac{1}{3} p$ 时，圆柱体取得最大体积 $\dfrac{4}{27} \pi p^3$。

2.4　积分

在人工智能的许多应用领域中，常常会遇到这样的问题：已知一个函数的导数，求原函数。此问题正好是求导的逆问题，属于积分问题。

2.4.1　不定积分

设函数 $f(x)$ 是定义在某区间上的已知函数，若存在 $F(x)$，使得

$$F'(x) = f(x) \quad 或 \quad \mathrm{d}F(x) = f(x)\mathrm{d}x$$

则称 $F(x)$ 为 $f(x)$ 的一个原函数。

一般地，若 $F(x)$ 是 $f(x)$ 的一个原函数，则 $F(x) + C$ 是 $f(x)$ 的所有原函数。若某函数存在原函数，则一定存在无数个原函数，它们之间相差常数 C。我们把这无数个原函数称为 $f(x)$ 的不定积分，记作 $\int f(x)\mathrm{d}x$，即

$$\int f(x)\mathrm{d}x = F(x) + C \quad （C \text{ 为任意常数}）$$

常见的不定积分公式如下。

（1）$\int k\mathrm{d}x = kx + C$。

（2）$\int x^\mu \mathrm{d}x = \dfrac{1}{\mu + 1} x^{\mu+1} + C\ (\mu \neq -1)$。

（3）$\int \dfrac{1}{x}\mathrm{d}x = \ln|x| + C$。

（4）$\int \dfrac{1}{1 + x^2}\mathrm{d}x = \arctan x + C$。

（5）$\int \dfrac{1}{a^2 + x^2}\mathrm{d}x = \dfrac{1}{a}\arctan \dfrac{x}{a} + C$。

（6） $\int \dfrac{1}{x^2-a^2}\mathrm{d}x = \dfrac{1}{2a}\ln\left|\dfrac{x-a}{x+a}\right|+C$。

（7） $\int \dfrac{1}{\sqrt{1-x^2}}\mathrm{d}x = \arcsin x + C$。

（8） $\int \dfrac{1}{\sqrt{a^2-x^2}}\mathrm{d}x = \arcsin\dfrac{x}{a}+C\ (a>0)$。

（9） $\int a^x\mathrm{d}x = \dfrac{a^x}{\ln a}+C$。

（10） $\int \mathrm{e}^x\mathrm{d}x = \mathrm{e}^x + C$。

（11） $\int \sin x\mathrm{d}x = -\cos x + C$。

（12） $\int \cos x\mathrm{d}x = \sin x + C$。

（13） $\int \tan x\mathrm{d}x = -\ln|\cos x|+C$。

（14） $\int \cot x\mathrm{d}x = \ln|\sin x|+C$。

（15） $\int \sec x\mathrm{d}x = \ln|\sec x + \tan x|+C$。

（16） $\int \csc x\mathrm{d}x = \ln|\csc x - \cot x|+C$。

（17） $\int \sec^2 x\mathrm{d}x = \tan x + C$。

（18） $\int \csc^2 x\mathrm{d}x = -\cot x + C$。

（19） $\int \sec x\tan x\mathrm{d}x = \sec x + C$。

（20） $\int \csc x\cot x\mathrm{d}x = -\csc x + C$。

同时，需要掌握以下积分性质和积分运算法则。

（1） $\left(\int f(x)\mathrm{d}x\right)' = f(x)$。

（2） $\mathrm{d}\int f(x)\mathrm{d}x = f(x)\mathrm{d}x$。

（3） $\int f'(x)\mathrm{d}x = f(x)+C$。

（4） $\int \mathrm{d}f(x) = f(x)+C$。

（5） $\int kf(x)\mathrm{d}x = k\int f(x)\mathrm{d}x$ （$k\neq 0$，为常数）。

（6） $\int [f(x)\pm g(x)]\mathrm{d}x = \int f(x)\mathrm{d}x \pm \int g(x)\mathrm{d}x$。

主要积分方法有直接积分法、第一类换元积分法、第二类换元积分法、分部积分法。

【例2-17】求不定积分 $\int (4x^3-2^x+3\sin x+\dfrac{2}{x^2}-\dfrac{1}{\sqrt{x}})\mathrm{d}x$。

【解答】 $\int (4x^3-2^x+3\sin x+\dfrac{2}{x^2}-\dfrac{1}{\sqrt{x}})\mathrm{d}x$

$\qquad = \int 4x^3\mathrm{d}x - \int 2^x\mathrm{d}x + 3\int \sin x\mathrm{d}x + 2\int \dfrac{1}{x^2}\mathrm{d}x - \int \dfrac{1}{\sqrt{x}}\mathrm{d}x$

$\qquad = x^4 - \dfrac{2^x}{\ln 2} - 3\cos x - \dfrac{1}{x} - 2\sqrt{x}+C$

【程序代码】

```
import sympy
from sympy import *
x=symbols('x')
fx=4*x**3-2**x+3*sin(x)-2/(x**2)-1/sqrt(x)
Fx=integrate(fx ,x)
Fx=simplify(Fx)
print(Fx)
```

【运行结果】

```
-2**x/log(2) - 2*sqrt(x) + x**4 - 3*cos(x) + log(4)/(x*log(2))
```

注意：结果中没有任意常数，请自行添加。

【例 2-18】求不定积分 $\int e^x \sin 2x \, dx$ 。

【程序代码】

```
import sympy
from sympy import *
x=symbols('x')
fx=exp(x)*sin(2*x)
Fx=integrate(fx ,x)
Fx=simplify(Fx)
print(Fx)
```

【运行结果】

```
(sin(2*x) - 2*cos(2*x))*exp(x)/5
```

【例 2-19】求不定积分 $\int (x+1)\ln x \, dx$ 。

【程序代码】

```
import sympy
from sympy import *
x=symbols('x')
fx=(x+1)*log(x)
Fx=integrate(fx ,x)
Fx=simplify(Fx)
print(Fx)
```

【运行结果】

```
x*(-x + 2*(x + 2)*log(x) - 4)/4
```

2.4.2 定积分

设函数 $f(x)$ 在区间 $[a,b]$ 上有定义，任取 $n-1$ 个分点 $a=x_0<x_1<x_2<\cdots<x_{n-1}<x_n=b$，把区间 $[a,b]$ 分割成 n 个小区间 $[x_{i-1},x_i]$，第 i 个小区间的长度为 $\Delta x_i = x_i - x_{i-1}$ $(i=1,\cdots,n)$，记

$\lambda = \max\limits_{1\le i\le n}\{\Delta x_i\}$。在每个小区间$[x_{i-1},x_i]$上任取一介点$\xi_i$ ($i=1,2,\cdots,n$)，取和$\sum\limits_{i=1}^{n}f(\xi_i)\Delta x_i$。若

不论怎样分割，也不论如何取介点，只要当$\lambda\to 0$时，$\lim\limits_{\lambda\to 0}\sum\limits_{i=1}^{n}f(\xi_i)\Delta x_i$总存在（这个极限值

与区间$[a,b]$的分法及点ξ_i的取法无关），则称函数$f(x)$在区间$[a,b]$上可积，并称这个极限

值为函数$f(x)$在区间$[a,b]$上的定积分，记作$\int_a^b f(x)\mathrm{d}x$，即

$$\int_a^b f(x)\mathrm{d}x = \lim\limits_{\lambda\to 0}\sum\limits_{i=1}^{n}f(\xi_i)\Delta x_i$$

定积分的计算如下。

若函数$f(x)$在区间$[a,b]$上连续，且$F(x)$是$f(x)$的一个原函数，则

$$\int_a^b f(x)\mathrm{d}x = F(b) - F(a)$$

由此可见，求解定积分最终归结为求解不定积分。

【例2-20】求定积分$\int_0^1 (x+1)\mathrm{d}x$。

【解答】$\int_0^1 (x+1)\mathrm{d}x = (\frac{1}{2}x^2 + x)\big|_0^1 = \frac{3}{2}$。

【例2-21】计算$\int_0^4 \frac{x+2}{\sqrt{2x+1}}\mathrm{d}x$。

【解答】设$\sqrt{2x+1}=t$，当$x=0$时，$t=1$；当$x=4$时，$t=3$且$x=\frac{1}{2}(t^2-1)$。

$$\text{原式}=\int_1^3 \frac{\frac{t^2-1}{2}+2}{t}\cdot t\mathrm{d}t = \int_1^3 (\frac{1}{2}t^2 + \frac{3}{2})\mathrm{d}t = (\frac{1}{6}t^3 + \frac{3}{2}t)\big|_1^3$$

$$= \frac{1}{6}\times 27 + \frac{9}{2} - \frac{1}{6} - \frac{3}{2} = \frac{22}{3}$$

【程序代码】

```
import sympy
from sympy import *
x=symbols('x')
fx=(x+2)/sqrt(2*x+1)
Fx=integrate(fx ,(x,0,4))
print(Fx)
```

【运行结果】

22/3

2.4.3 反常积分

设函数$f(x)$在区间$[a,+\infty)$上连续，取$b>a$，若极限$\lim\limits_{b\to+\infty}\int_a^b f(x)\mathrm{d}x$存在，则称此极限

为函数$f(x)$在$[a,+\infty)$上的反常积分，记作$\int_a^{+\infty} f(x)\mathrm{d}x$，即

$$\int_a^{+\infty} f(x)\mathrm{d}x = \lim_{b\to+\infty} \int_a^b f(x)\mathrm{d}x$$

此时也称反常积分 $\int_a^{+\infty} f(x)\mathrm{d}x$ 收敛；若上述极限不存在，则称 $\int_a^{+\infty} f(x)\mathrm{d}x$ 发散。

类似地，定义 $f(x)$ 在区间 $(-\infty, b]$ 上的反常积分为 $\int_{-\infty}^b f(x)\mathrm{d}x = \lim_{a\to-\infty} \int_a^b f(x)\mathrm{d}x$。

$f(x)$ 在区间 $(-\infty, +\infty)$ 上的反常积分定义为 $\int_{-\infty}^{+\infty} f(x)\mathrm{d}x = \int_{-\infty}^a f(x)\mathrm{d}x + \int_a^{+\infty} f(x)\mathrm{d}x$。

其中，a 为任意实数。当且仅当上式右端两个积分同时收敛时，称反常积分 $\int_{-\infty}^{+\infty} f(x)\mathrm{d}x$ 收敛，否则称其发散。

反常积分的计算类似定积分的计算。

【例 2-22】计算反常积分 $\int_0^{+\infty} x\mathrm{e}^{-x}\mathrm{d}x$。

【程序代码】

```
import sympy
from sympy import *
x=symbols('x')
fx=x*exp(-x)
Fx=integrate(fx ,(x,0,oo))
print(Fx)
```

【运行结果】

```
1
```

2.4.4　二重积分

设 D 为平面上的有界闭区域，$z = f(x, y)$ 是定义在 D 上的一个二元函数。将 D 任意分割成 n 个小区域：$\Delta\sigma_1, \Delta\sigma_2, \cdots, \Delta\sigma_n$，同时用 $\Delta\sigma_i \ (i=1,2,\cdots,n)$ 表示其面积，在每个小区域 $\Delta\sigma_i$ 上任取一点 $(\xi_i, \eta_i) \ (i=1,2,\cdots,n)$，取和

$$\sum_{i=1}^n f(\xi_i, \eta_i)\Delta\sigma_i$$

若不论怎样分割，也不论怎样取介点，只要当细度 $\lambda \to 0$ 时（λ 表示 $\Delta\sigma_1, \Delta\sigma_2, \cdots, \Delta\sigma_n$ 中直径的最大值，$\Delta\sigma_i$ 的直径是指 $\Delta\sigma_i$ 中任意两点间的距离的最大值），上述和式总趋近于同一确定值 A，则称函数 $f(x, y)$ 在 D 上可积，此极限值 A 为函数 $f(x, y)$ 在 D 上的二重积分，记作 $\iint\limits_D f(x, y)\mathrm{d}\sigma$，即

$$\iint\limits_D f(x, y)\mathrm{d}\sigma = \lim_{\lambda\to 0} \sum_{i=1}^n f(\xi_i, \eta_i)\Delta\sigma_i$$

二重积分的几何意义：当被积函数 $f(x, y) \geqslant 0$ 时，$\iint\limits_D f(x, y)\mathrm{d}\sigma$ 表示以 D 为下底，以函数 $f(x, y)$ 为上底的曲顶柱体的体积。

【例2-23】求 $\iint\limits_{D} y\mathrm{d}x\mathrm{d}y$，其中 D 是曲线 $x=y^2+1$，直线 $x=0$，$y=0$ 与 $y=1$ 围成的区域。

【程序代码】

```
import sympy
from sympy import *
x,y=symbols('x y')
z=y
Fx=integrate(z ,(x,0,y**2+1),(y, 0,1))
print(Fx)
```

【运行结果】

```
3/4
```

2.4.5　三重积分

设函数 $f(x,y,z)$ 在空间有界闭区域 Ω 上有定义。现将 Ω 任意分割成 n 个子域，记作 $\Delta V_i\ (i=1,2,\cdots,n)$，且以 ΔV_i 表示第 i 个子域体积，在 ΔV_i 任取一介点 (ξ_i,η_i,ζ_i)，取和 $\sum\limits_{i=1}^{n} f(\xi_i,\eta_i,\zeta_i)\,\Delta V_i$。若不论怎样分割，也不论怎样取介点，只要当分割的细度 $\lambda\to 0$ 时，该和式的极限总存在，则称函数 $f(x,y,z)$ 在 Ω 上可积。此极限值为函数 $f(x,y,z)$ 在空间有界闭区域 Ω 上的三重积分，记作

$$\iiint\limits_{\Omega} f(x,y,z)\mathrm{d}V$$

即

$$\iiint\limits_{\Omega} f(x,y,z)\mathrm{d}V = \lim_{\lambda\to 0}\sum_{i=1}^{n} f(\xi_i,\eta_i,\zeta_i)\,\Delta V_i$$

由三重积分的概念可得，Ω 的质量 m 就是该立体的密度函数 $\mu(x,y,z)$ 在 Ω 上的三重积分，即 $m=\iiint\limits_{\Omega}\mu(x,y,z)\mathrm{d}V$。

特别地，若 $f(x,y,z)=1$，则 $\iiint\limits_{\Omega}\mathrm{d}V$ 表示 Ω 的体积 V。

由于三重积分的定义与定积分、二重积分的定义十分相似，不同的是，一个是一元函数在一维空间区域上进行运算，一个是二元函数在二维空间区域上进行运算，一个是三元函数在三维空间区域上进行运算，因此它们都有类似的性质及计算方法。

【例2-24】计算三重积分 $\iiint\limits_{\Omega} xz\mathrm{d}V$，其中 Ω 是由三个坐标面与平面 $x+y+z=1$ 围成的空间区域。

【程序代码】

```
import sympy
from sympy import *
x,y,z=symbols('x y z')
f=x*y
```

```
Fx=integrate(f ,(z,0,1-x-y),(y,0,1-x),(x, 0,1))
print(Fx)
```

【运行结果】

1/120

2.5 级数

2.5.1 常数项级数

1. 级数的概念

称 $\sum_{n=1}^{\infty} u_n = u_1 + u_2 + u_3 + \cdots + u_n + \cdots$ 为级数，其中第 n 项 u_n 称为级数的一般项或通项。

取级数 $\sum_{n=1}^{\infty} u_n$ 的前 n 项相加，记其和为 S_n，即 $S_n = u_1 + u_2 + u_3 + \cdots + u_n$，称 S_n 为级数 $\sum_{n=1}^{\infty} u_n$ 的前 n 项部分和。

若级数 $\sum_{n=1}^{\infty} u_n$ 的部分和数列 $\{S_n\}$ 极限存在为 S，即 $S = \lim_{n\to\infty} S_n$，则称级数 $\sum_{n=1}^{\infty} u_n$ 收敛，并称极限值 S 为级数 $\sum_{n=1}^{\infty} u_n$ 的和，记作

$$S = \sum_{n=1}^{\infty} u_n = u_1 + u_2 + u_3 + \cdots + u_n + \cdots = \lim_{n\to\infty} S_n$$

若部分和数列 $\{S_n\}$ 极限不存在，则称级数 $\sum_{n=1}^{\infty} u_n$ 发散，发散级数不存在和。

注意：一个级数要么是收敛的，要么是发散的。由定义可知，级数是否收敛，主要看极限值 S 是否存在。

【例 2-25】判别级数 $\sum_{n=1}^{\infty} \ln\frac{n+1}{n}$ 的敛散性。

【解答】$\ln\frac{n+1}{n} = \ln(n+1) - \ln n$

因此，部分和 $S_n = (\ln 2 - \ln 1) + (\ln 3 - \ln 2) + \cdots + (\ln(n+1) - \ln n) = \ln(n+1)$。

于是，$\lim_{n\to\infty} S_n = \lim_{n\to\infty} \ln(n+1) = +\infty$，所以级数 $\sum_{n=1}^{\infty} \ln\frac{n+1}{n}$ 发散。

2. 三个常用级数

（1）几何级数 $\sum_{n=0}^{\infty} aq^n$ 当且仅当 $|q| < 1$ 时收敛；当 $|q| \geq 1$ 时发散。$\sum_{n=0}^{\infty} 2^n$ 发散（$q=2$），$\sum_{n=0}^{\infty} (-1)^n \frac{3^n}{2^n}$ 发散（$q=-\frac{3}{2}$），$\sum_{n=0}^{\infty} (-1)^n \frac{1}{2^n}$ 收敛（$q=-\frac{1}{2}$）。

（2）调和级数 $\sum\limits_{n=1}^{\infty}\dfrac{1}{n}$ 发散。

（3） p 级数 $\sum\limits_{n=1}^{\infty}\dfrac{1}{n^p}$ 当且仅当 $p>1$ 时收敛；当 $p\leqslant 1$ 时发散。$\sum\limits_{n=1}^{\infty}\dfrac{1}{\sqrt{n}}$ 发散（$p=\dfrac{1}{2}$），

$\sum\limits_{n=1}^{\infty}\dfrac{1}{n\sqrt{n}}$ 收敛（$p=\dfrac{3}{2}$），$\sum\limits_{n=1}^{\infty}\dfrac{1}{n^2}$ 收敛（$p=2$）。

3. 数项级数的基本性质

性质 1　若级数 $\sum\limits_{n=1}^{\infty}u_n$ 收敛于 s，k 为任意不为零的常数，则级数 $\sum\limits_{n=1}^{\infty}ku_n$ 也收敛，且其和为 ks，即

$$\sum_{n=1}^{\infty}ku_n=ks$$

此性质表明，级数的每一项都乘以一个不为零的常数后，所构成的新级数敛散性不变。

性质 2　若级数 $\sum\limits_{n=1}^{\infty}u_n$ 和 $\sum\limits_{n=1}^{\infty}v_n$ 都收敛，则级数 $\sum\limits_{n=1}^{\infty}(u_n\pm v_n)$ 收敛。

注意：（1）若级数 $\sum\limits_{n=1}^{\infty}u_n$ 收敛，$\sum\limits_{n=1}^{\infty}v_n$ 发散，则级数 $\sum\limits_{n=1}^{\infty}(u_n\pm v_n)$ 一定发散。

（2）若级数 $\sum\limits_{n=1}^{\infty}u_n$ 发散，$\sum\limits_{n=1}^{\infty}v_n$ 发散，则级数 $\sum\limits_{n=1}^{\infty}(u_n\pm v_n)$ 可能收敛，也可能发散。

例如，$\sum\limits_{n=1}^{\infty}\dfrac{1}{n}$，$\sum\limits_{n=1}^{\infty}(-\dfrac{1}{n})$ 均发散，$\sum\limits_{n=1}^{\infty}[\dfrac{1}{n}+(-\dfrac{1}{n})]=\sum\limits_{n=1}^{\infty}0$ 收敛；$\sum\limits_{n=1}^{\infty}\dfrac{1}{n}$，$\sum\limits_{n=1}^{\infty}\dfrac{1}{n}$ 均发散，

$\sum\limits_{n=1}^{\infty}(\dfrac{1}{n}+\dfrac{1}{n})=\sum\limits_{n=1}^{\infty}\dfrac{2}{n}$ 发散。

性质 3　若加上、去掉或改变级数 $\sum\limits_{n=1}^{\infty}u_n$ 的前有限项，不改变级数的敛散性，则对于收敛的级数，其和可能改变。

性质 4　对收敛级数的项任意加括号后所得的级数仍然收敛，且其和不变。

注意：（1）若某级数加括号后所得的级数发散，则原级数一定发散。

（2）若某级数加括号后所得的级数收敛，则原级数不一定收敛。

例如，$(1-1)+(1-1)+(1-1)+\cdots+(1-1)+\cdots$ 收敛，但 $1-1+1-1+1-1+\cdots+1-1+\cdots$

$=\sum\limits_{n=0}^{\infty}(-1)^n$ 发散。

性质 5　若级数 $\sum\limits_{n=1}^{\infty}u_n$ 收敛，则它的通项极限为零，即 $\lim\limits_{n\to\infty}u_n=0$。

注意：若级数的一般项不趋近于零，则级数 $\sum\limits_{n=1}^{\infty}u_n$ 必定发散。

但是级数的一般项趋近于零并不是级数收敛的充分条件，有些级数虽然一般项趋近于零，但仍然是发散的，通常用此性质来判别级数的敛散性。

【例 2-26】判别级数 $\sum_{n=1}^{\infty}\frac{3+(-1)^n}{2^n}$ 的敛散性。

【解答】因为 $\sum_{n=1}^{\infty}\frac{3}{2^n}=3\sum_{n=1}^{\infty}\frac{1}{2^n}$ 收敛，$\sum_{n=1}^{\infty}\frac{(-1)^n}{2^n}=\sum_{n=1}^{\infty}(\frac{-1}{2})^n$ 收敛，所以由性质 2 可得，

$\sum_{n=1}^{\infty}\frac{3+(-1)^n}{2^n}$ 收敛。

4. 交错级数及其审敛法

称 $\sum_{n=1}^{\infty}(-1)^n u_n$ 或 $\sum_{n=1}^{\infty}(-1)^{n+1}u_n$ 为交错级数，其中 $u_n>0$ 。

莱布尼茨判别法：如果交错级数 $\sum_{n=1}^{\infty}(-1)^n u_n$ （$u_n>0$）通项的绝对值单调递减且趋近于 0，即 $u_n>u_{n+1}$ （$n=1,2,3,\cdots$），且 $\lim_{n\to\infty}u_n=0$ ，那么该级数收敛。

【例 2-27】讨论下列交错级数的敛散性。

（1） $\sum_{n+1}^{\infty}(-1)^n\frac{1}{n}$ 。   （2） $\sum_{n=1}^{\infty}(\frac{\pi}{2}-\arctan n)\cos n\pi$ 。

【解答】（1）因为 $u_n=\frac{1}{n}>\frac{1}{n+1}=u_{n+1}$ ，$\lim_{n\to\infty}u_n=\lim_{n\to\infty}\frac{1}{n}=0$ ，所以交错级数 $\sum_{n+1}^{\infty}(-1)^n\frac{1}{n}$ 收敛。

（2） $\cos n\pi=(-1)^n$ ，$u_n=\frac{\pi}{2}-\arctan n>0$ ，因 $\arctan n<\arctan(n+1)$ ，$u_n>u_{n+1}$ ，所以 u_n 单调减少，且 $\lim_{n\to 0}u_n=0$ ，交错级数 $\sum_{n=1}^{\infty}(\frac{\pi}{2}-\arctan n)\cos n\pi$ 收敛。

2.5.2 幂级数

1. 函数项级数

$u_1(x),u_2(x),\cdots,u_n(x)\cdots$ 是定义在区间 I 上的函数列，称和式 $u_1(x)+u_2(x)+\cdots+u_n(x)+\cdots$ 为定义在区间 I 上的函数项级数，记作 $\sum_{n=1}^{\infty}u_n(x)$ 。

若 $x_0\in I$ ，代入函数项级数，得到一个常数项级数 $\sum_{n=1}^{\infty}u_n(x_0)$ 。若常数项级数 $\sum_{n=1}^{\infty}u_n(x_0)$ 收敛，则称 x_0 为函数项级数 $\sum_{n=1}^{\infty}u_n(x)$ 的收敛点；若常数项级数 $\sum_{n=1}^{\infty}u_n(x_0)$ 发散，则称 x_0 为函数项级数 $\sum_{n=1}^{\infty}u_n(x)$ 的发散点。 $\sum_{n=1}^{\infty}u_n(x)$ 的收敛点的全体称为 $\sum_{n=1}^{\infty}u_n(x)$ 的收敛域，发散点的全体称为 $\sum_{n=1}^{\infty}u_n(x)$ 的发散域。

收敛域 $\cup$ 发散域 $=\mathbf{R}$ ，收敛域 $\cap$ 发散域 $=\varnothing$ 。

2. 幂级数

称 $\sum\limits_{n=0}^{\infty} a_n x^n$ 为幂级数，其中 a_n $(n=0,1,2,\cdots)$ 为幂级数的系数。

3. 幂级数的收敛域

（1）幂级数 $\sum\limits_{n=0}^{\infty} a_n x^n$ 的收敛域非空，如 $x=0$ 为其收敛点。

（2）若幂级数 $\sum\limits_{n=0}^{\infty} a_n x^n$ 在 $x=\bar{x}\neq 0$ 处收敛，则对于满足不等式 $|x|<|\bar{x}|$ 的任何 x，幂级数 $\sum\limits_{n=0}^{\infty} a_n x^n$ 都收敛且绝对收敛。

（3）若幂级数 $\sum\limits_{n=0}^{\infty} a_n x^n$ 在 $x=\bar{x}$ 处发散，则对于满足不等式 $|x|>|\bar{x}|$ 的任何 x，幂级数 $\sum\limits_{n=0}^{\infty} a_n x^n$ 都发散。

由此可知，幂级数 $\sum\limits_{n=0}^{\infty} a_n x^n$ 的收敛域是以原点为中心的区间（端点另外讨论）。若以 $2R$ 表示区间的长度，则称 R 为幂级数的收敛半径，称 $(-R,R)$ 为幂级数 $\sum\limits_{n=0}^{\infty} a_n x^n$ 的收敛区间。

（4）收敛域求法（系数法）。

首先求出收敛半径 $R=\lim\limits_{n\to\infty}|\dfrac{a_n}{a_{n+1}}|$，再判定 $\pm R$ 是否为收敛点。

特别地，当 $R=0$ 时，收敛域为 $\{0\}$；当 $R=+\infty$ 时，收敛域为 $(-\infty,+\infty)$。

【例2-28】求级数 $\sum\limits_{n=1}^{\infty}(-1)^{n-1}\dfrac{x^n}{n}$ 的收敛域。

【解答】因 $R=\lim\limits_{n\to\infty}|\dfrac{a_n}{a_{n+1}}|=\lim\limits_{n\to\infty}\dfrac{n+1}{n}=1$，则 $R=1$，收敛区间为 $(-1,1)$。

当 $x=-1$ 时，级数 $\sum\limits_{n=1}^{\infty}\dfrac{-1}{n}$ 发散；当 $x=1$ 时，级数 $\sum\limits_{n=1}^{\infty}\dfrac{(-1)^{n-1}}{n}$ 收敛。

所以，$\sum\limits_{n=1}^{\infty}(-1)^{n-1}\dfrac{x^n}{n}$ 的收敛域为 $(-1, 1]$。

【程序代码】

```
import sympy
from sympy import *
n=Symbol('n',integer=True)
x=Symbol('x')
expr=(-1)**(n-1)*(x**n) /n
an=(-1)**(n-1)/n
#计算收敛半径
r=limit(abs(an.subs(n,n+1)/an),n,oo)
```

```
print('r=',r)
#判定两端点是否收敛
c1=Sum(expr.subs(x,r),(n,1,oo)).is_convergent()
c2=Sum(expr.subs(x,-r),(n,1,oo)).is_convergent()
print('x=r:',c1)
print('x=-r:',c2)
```

【运行结果】

```
r= 1
x=r: True
x=-r: False
```

2.5.3　泰勒级数

1. 泰勒公式

若 $f(x)$ 在点 x_0 的某邻域内有一阶直到 $n+1$ 阶的导数，则对此邻域内任意 x，都有

$$f(x)=f(x_0)+\frac{f'(x_0)}{1!}(x-x_0)+\frac{f''(x_0)}{2!}(x-x_0)^2+\cdots+\frac{f^{(n)}(x_0)}{n!}(x-x_0)^n$$

$$+\frac{f^{(n+1)}(\xi)}{(n+1)!}(x-x_0)^{n+1}\quad(\xi\text{ 在 }x\text{ 与 }x_0\text{ 之间})$$

上式称为 $f(x)$ 的 n 阶泰勒展开式或泰勒公式，利用泰勒公式，我们可以用一个关于 $(x-x_0)$ 的 n 次多项式

$$p_n(x)=f(x_0)+\frac{f'(x_0)}{1!}(x-x_0)+\frac{f''(x_0)}{2!}(x-x_0)^2+\cdots+\frac{f^{(n)}(x_0)}{n!}(x-x_0)^n$$

（也称为泰勒多项式）来近似地表达函数 $f(x)$，并可通过余项

$$R_n(x)=f(x)-p_n(x)=\frac{f^{(n+1)}(\xi)}{(n+1)!}(x-x_0)^{n+1}$$

来估计误差。在泰勒公式中，当 $x_0=0$ 时，记 $\xi=\theta x$，$0<\theta<1$，此时

$$f(x)=f(0)+\frac{f'(0)}{1!}x+\frac{f''(0)}{2!}x^2+\cdots+\frac{f^{(n)}(0)}{n!}x^n+\frac{f^{(n+1)}(\theta x)}{(n+1)!}x^{n+1}$$

称为 $f(x)$ 的麦克劳林公式或按 x 的幂展开的泰勒公式。

2. 泰勒级数与麦克劳林级数

若 $f(x)$ 在点 x_0 的某邻域内具有各阶导数 $f'(x),f''(x),\cdots,f^{(n)}(x),\cdots$，则称级数

$$f(x_0)+f'(x_0)(x-x_0)+\frac{f''(x_0)}{2!}(x-x_0)^2+\cdots+\frac{f^{(n)}(x_0)}{n!}(x-x_0)^n+\cdots$$

为 $f(x)$ 在 $x=x_0$ 处的泰勒级数，特别是当 $x_0=0$ 时，称它为 $f(x)$ 的麦克劳林级数，即

$$f(0)+f'(0)x+\frac{f''(0)}{2!}x^2+\cdots+\frac{f^{(n)}(0)}{n!}x^n+\cdots$$

泰勒级数是泰勒多项式从有限项到无限项的推广。

3. 函数展开成幂级数的方法

1）直接展开法

由以上讨论结果可以看出，直接按公式将所给函数 $f(x)$ 展开成 x 的幂级数的步骤如下。

（1）求出 $f(x)$ 各阶导数 $f'(x),f''(x),\cdots,f^{(n)}(x),\cdots$，如果在 x_0（主要讨论 $x_0=0$ 时的情形）处某阶导数不存在，就停止进行。

（2）求函数及各阶导数在 x_0 处的值：

$$f(x_0),f'(x_0),f''(x_0),\cdots,f^{(n)}(x_0),\cdots$$

（3）求出幂级数

$$f(x_0)+f'(x_0)(x-x_0)+\frac{f''(x_0)}{2!}(x-x_0)^2+\cdots+\frac{f^{(n)}(x_0)}{n!}(x-x_0)^n+\cdots$$

的收敛半径 R。

（4）考察当 x 在收敛区间 $(-R,R)$ 内时余项 $R_n(x)$ 的极限

$$\lim_{n\to\infty}R_n(x)=\lim_{n\to\infty}\frac{f^{(n+1)}(\xi)}{(n+1)!}(x-x_0)^{n+1}\qquad（\xi \text{在} x \text{与} x_0 \text{之间}）$$

是否为零，如果为零，那么步骤（3）求出的幂级数就是函数 $f(x)$ 的幂级数展开式；如果不为零，那么幂级数虽然收敛，但它的和并不是所给的函数 $f(x)$。

【例 2-29】将函数 $f(x)=\mathrm{e}^x$ 展开成 x 的幂级数。

【解答】求出各阶导数：

$$f'(x)=\mathrm{e}^x,f''(x)=\mathrm{e}^x,\cdots,f^{(n)}(x)=\mathrm{e}^x,\cdots$$

$x=0$ 时有

$$f(0)=1,f'(0)=1,f''(0)=1,\cdots,f^{(n)}(0)=1,\cdots$$

故得幂级数为

$$1+x+\frac{x^2}{2!}+\cdots+\frac{x^n}{n!}+\cdots$$

它的收敛半径为 $R=+\infty$。

对于任何有限数 x、ξ（ξ 在 0 与 x 之间），余项的绝对值为

$$\left|R_n(x)\right|=\left|\frac{\mathrm{e}^\xi}{(n+1)!}x^{n+1}\right|<\frac{|x|^{n+1}}{(n+1)!}\mathrm{e}^{|x|}$$

因为 $\mathrm{e}^{|x|}$ 有限，而 $\frac{|x|^{n+1}}{(n+1)!}$ 是收敛级数的一般项，所以当 $n\to\infty$ 时，有

$$\frac{|x|^{n+1}}{(n+1)!}\mathrm{e}^{|x|}\to 0,\quad \lim_{n\to\infty}R_n(x)=0$$

所以可得

$$e^x = 1 + x + \frac{x^2}{2!} + \cdots + \frac{x^n}{n!} + \cdots \qquad (-\infty < x < +\infty)$$

2）间接展开法

用直接展开法（直接按公式 $a_n = \dfrac{f^{(n)}(0)}{n!}$ 计算幂级数的系数）展开成幂级数，计算量较大，而且最后要考察余项 R_n 是否收敛为零，这是一件很不容易的事情。间接展开法根据一些常见函数的幂级数展开式，并利用幂级数本身的性质，如四则运算、逐项微分、逐项积分等，把函数 $f(x)$ 展开成 x 的幂级数，这样计算简单，而且往往可以避免直接研究余项。

为了便于记忆和查阅，现将几个重要函数的 x 的幂级数展开式归纳如下。

（1）$e^x = 1 + x + \dfrac{x^2}{2!} + \cdots + \dfrac{x^n}{n!} + \cdots \qquad (-\infty < x < +\infty)$。

（2）$\sin x = x - \dfrac{x^3}{3!} + \dfrac{x^5}{5!} - \cdots + (-1)^n \dfrac{x^{2n+1}}{(2n+1)!} + \cdots \qquad (-\infty < x < +\infty)$。

（3）$\cos x = 1 - \dfrac{x^2}{2!} + \dfrac{x^4}{4!} - \cdots + (-1)^n \dfrac{x^{2n}}{(2n)!} + \cdots \qquad (-\infty < x < +\infty)$。

（4）$\ln(1+x) = x - \dfrac{x^2}{2} + \dfrac{x^3}{3} - \dfrac{x^4}{4} + \cdots + (-1)^n \dfrac{x^{n+1}}{n+1} + \cdots \quad (-1 < x \leqslant 1)$。

（5）$(1+x)^\alpha = 1 + \alpha x + \dfrac{\alpha(\alpha-1)}{2!} x^2 + \cdots + \dfrac{\alpha(\alpha-1)\cdots(\alpha-n+1)}{n!} x^n + \cdots \quad (-1 < x < 1)$。

【例 2-30】将函数 $f(x) = \sin x$ 展开成 $\left(x - \dfrac{\pi}{4}\right)$ 的幂级数。

【解答】$\sin x = \sin\left[\dfrac{\pi}{4} + \left(x - \dfrac{\pi}{4}\right)\right]$

$$= \sin\frac{\pi}{4}\cos\left(x - \frac{\pi}{4}\right) + \cos\frac{\pi}{4}\sin\left(x - \frac{\pi}{4}\right)$$

$$= \frac{1}{\sqrt{2}}\left[\cos\left(x - \frac{\pi}{4}\right) + \sin\left(x - \frac{\pi}{4}\right)\right]$$

由已知函数的幂级数的展开式有

$$\cos\left(x - \frac{\pi}{4}\right) = 1 - \frac{\left(x - \frac{\pi}{4}\right)^2}{2!} + \frac{\left(x - \frac{\pi}{4}\right)^4}{3!} - \cdots \qquad (-\infty < x < +\infty)$$

$$\sin\left(x - \frac{\pi}{4}\right) = \left(x - \frac{\pi}{4}\right) - \frac{\left(x - \frac{\pi}{4}\right)^3}{3!} + \frac{\left(x - \frac{\pi}{4}\right)^5}{5!} - \cdots \qquad (-\infty < x < +\infty)$$

两式代入原式，就有

$$\sin x = \frac{1}{\sqrt{2}}\left[1 + \left(x - \frac{\pi}{4}\right) - \frac{\left(x - \frac{\pi}{4}\right)^2}{2!} - \frac{\left(x - \frac{\pi}{4}\right)^3}{3!} + \cdots\right] \qquad (-\infty < x < +\infty)$$

4. 函数的幂级数展开式的应用

通常用函数的幂级数展开式来进行近似计算。

【例 2-31】 计算 $\ln 2$ 的近似值，要求误差不超过 10^{-4}。

【解答】 令 $x=1$ 可得

$$\ln 2 = 1 - \frac{1}{2} + \frac{1}{3} - \cdots + (-1)^{n-1}\frac{1}{n} + \cdots$$

取级数的前 n 项和作为 $\ln 2$ 的近似值，其误差为

$$|r_n| \leqslant \frac{1}{n+1}$$

为了保证误差不超过 10^{-4}，需要取级数的前 10000 项进行计算。这样做计算量太大，必须用收敛较快的级数来代替它。

把展开式

$$\ln(1+x) = x - \frac{x^2}{2} + \frac{x^3}{3} - \frac{x^4}{4} + \cdots + (-1)^n\frac{x^{n+1}}{n+1} + \cdots \quad (-1 < x \leqslant 1)$$

中的 x 换成 $-x$，得

$$\ln(1-x) = -x - \frac{x^2}{2} - \frac{x^3}{3} - \frac{x^4}{4} - \cdots \quad (1 \leqslant x < 1)$$

两式相减，得到不含有偶次幂的展开式为

$$\ln\frac{1+x}{1-x} = \ln(1+x) - \ln(1-x) = 2(x + \frac{1}{3}x^3 + \frac{1}{5}x^5 + \cdots) \quad (-1 < x < 1)$$

令 $\frac{1+x}{1-x} = 2$，解出 $x = \frac{1}{3}$。将 $x = \frac{1}{3}$ 代入最后一个展开式，得

$$\ln 2 = 2(\frac{1}{3} + \frac{1}{3}\cdot\frac{1}{3^3} + \frac{1}{5}\cdot\frac{1}{3^5} + \frac{1}{7}\cdot\frac{1}{3^7} + \cdots)$$

若取前四项和作为 $\ln 2$ 的近似值，则误差为

$$|r_4| = 2\left(\frac{1}{9}\cdot\frac{1}{3^9} + \frac{1}{11}\cdot\frac{1}{3^{11}} + \frac{1}{13}\cdot\frac{1}{3^{13}} + \cdots\right) < \frac{2}{3^{11}}\left[1 + \frac{1}{9} + \left(\frac{1}{9}\right)^2 + \cdots\right]$$

$$= \frac{2}{3^{11}}\cdot\frac{1}{1-\frac{1}{9}} = \frac{1}{4\cdot 3^9} < \frac{1}{70000}$$

于是

$$\ln 2 \approx 2(\frac{1}{3} + \frac{1}{3}\cdot\frac{1}{3^3} + \frac{1}{5}\cdot\frac{1}{3^5} + \frac{1}{7}\cdot\frac{1}{3^7})$$

同样地，考虑舍入误差，计算时应取五位小数，得

$$\frac{1}{3} \approx 0.33333, \quad \frac{1}{3}\cdot\frac{1}{3^3} \approx 0.01235, \quad \frac{1}{5}\cdot\frac{1}{3^5} \approx 0.00082, \quad \frac{1}{7}\cdot\frac{1}{3^7} \approx 0.00007$$

因此

$$\ln 2 \approx 0.6931$$

【例 2-32】 计算定积分 $\frac{2}{\sqrt{\pi}}\int_0^{\frac{1}{2}} e^{-x^2}\,dx$ 的近似值，要求误差不超过 0.0001（取 $\frac{1}{\sqrt{\pi}} \approx 0.56419$）。

【解答】

将 e^x 的幂级数展开式中的 x 换成 $-x^2$，得到被积函数的幂级数展开式为

$$e^{-x^2} = 1 + \frac{(-x^2)}{1!} + \frac{(-x^2)^2}{2!} + \frac{(-x^2)^3}{3!} + \cdots = \sum_{n=0}^{\infty} (-1)^n \frac{x^{2n}}{n!} \quad (-\infty < x < +\infty)$$

于是，根据幂级数在收敛区间内逐项可积，得

$$\frac{2}{\sqrt{\pi}} \int_0^{\frac{1}{2}} e^{-x^2} dx = \frac{2}{\sqrt{\pi}} \int_0^{\frac{1}{2}} \left[\sum_{n=0}^{\infty} (-1)^n \frac{x^{2n}}{n!} \right] dx = \frac{2}{\sqrt{\pi}} \sum_{n=0}^{\infty} \frac{(-1)^n}{n!} \int_0^{\frac{1}{2}} x^{2n} dx$$

$$= \frac{1}{\sqrt{\pi}} (1 - \frac{1}{2^2 \cdot 3} + \frac{1}{2^4 \cdot 5 \cdot 2!} - \frac{1}{2^6 \cdot 7 \cdot 3!} + \cdots)$$

将前四项和作为近似值，其误差为

$$|r_4| \leqslant \frac{1}{\sqrt{\pi}} \frac{1}{2^8 \cdot 9 \cdot 4!} < \frac{1}{90000}$$

所以

$$\frac{2}{\sqrt{\pi}} \int_0^{\frac{1}{2}} e^{-x^2} dx \approx \frac{1}{\sqrt{\pi}} (1 - \frac{1}{2^2 \cdot 3} + \frac{1}{2^4 \cdot 5 \cdot 2!} - \frac{1}{2^6 \cdot 7 \cdot 3!}) \approx 0.5205$$

实验 2　定积分近似值

1. 实验目的

（1）理解定积分的概念。
（2）掌握 Python 编程技巧。
（3）掌握 Python 图形绘制。

2. 实验要求

（1）复习定积分的定义。
（2）复习定积分的近似计算方法：等分区间 $[a,b]$，以梯形面积表示小曲边梯形面积

$$\int_a^b f(x)dx \approx \frac{h}{2}[f(a) + 2\sum_{i=1}^{n-1} f(x_i) + f(b)]$$

式中，h 为小区间长度；x_i 为分点。

（3）编程实现定积分 $\int_1^2 x^2 dx$ 的近似计算。
（4）绘制 $y = x^2$ 的图像。

3. 实验步骤

（1）求和函数 $\sum_{i=1}^{n-1} f(x_i)$。x_i 为分点；$f(x)$ 为被积函数。

【程序代码】

```
def sum_fun(x, f):
    return sum([f(each) for each in x])
```

（2）求定积分 $\int_a^b f(x)\mathrm{d}x$ 。

Func：积分函数；

@param: a 积分区间左端点；

@param: b 积分区间右端点；

@param: n 积分分为 n 等份（复化梯形求积分要求）；

@param: func 求积函数；

@return: 积分值。

【程序代码】

```
def integral(a, b, n, func):
    h = (b - a)/float(n)
    xk = [a + i*h for i in range(1, n)]
    return h/2 * (func(a) + 2 * sum_fun(xk, func) + func(b))
```

（3）测试，求 $\int_1^2 x^2\mathrm{d}x = \dfrac{1}{3}x^3\Big|_1^2 = \dfrac{7}{3}$ 。

【程序代码】

```
if __name__ == "__main__":
    func = lambda x: x**2
    a, b = 1,2
    n = 100
    print(integral(a, b, n, func))
    import matplotlib.pyplot as plt
    plt.figure("play")
    ax1 = plt.subplot(111)
    plt.sca(ax1)
    tmpx = [2 + float(8-2) /50 * each for each in range(50+1)]
    plt.plot(tmpx, [func(each) for each in tmpx], linestyle = '-', color=
'black')
    for rang in range(n):
        tmpx = [a + float(8-2)/n * rang, a + float(8-2)/n * rang, a + float(8-2)/n
* (rang+1), a + float(8-2)/n * (rang+1)]
        tmpy = [0, func(tmpx[1]), func(tmpx[2]), 0]
        c = ['r', 'y', 'b', 'g']
        plt.fill(tmpx, tmpy, color=c[rang%4])
    plt.grid(True)
    plt.show()
```

【运行结果】

```
2.333350000000001
```

运行结果如图 2-6 所示。

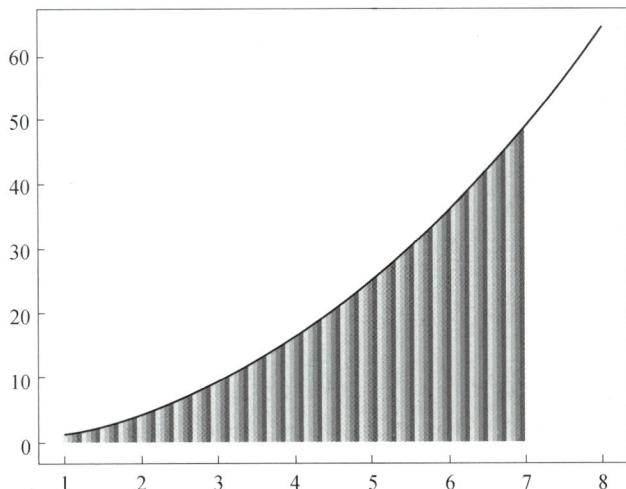

图 2-6　定积分的近似计算模拟图

练习 2

1. 求极限 $\lim\limits_{x \to \infty} \dfrac{\sqrt{1+x^2}-1}{x\ln(1+x)}$。

2. 求函数 $y = \ln(x+\sqrt{x^2+1})$ 的导数。

3. 计算不定积分 $\int x e^x \mathrm{d}x$。

4. 求定积分 $\int_0^1 (x^2+1)\mathrm{d}x$。

5. 设 $z = x^y$，求 $\dfrac{\partial z}{\partial x}$、$\dfrac{\partial z}{\partial y}$、$\dfrac{\partial^2 z}{\partial x \partial y}$。

6. 求级数 $\sum\limits_{n=0}^{\infty} \dfrac{n+1}{n} x^n$ 的收敛域。

练习 2　参考答案

第3章 线性代数

人工智能是建立在数学模型之上，包含许多数学基础知识的技术。线性代数以向量和矩阵的形式来研究抽象化的万事万物的变化规律。在人工智能领域，经常需要研究多个变量之间的转换关系，且它们的关系是线性的，线性代数正是解决这类问题的有力工具。

本章主要介绍人工智能数学建模中需要用到的线性代数知识，包括行列式、矩阵、向量、线性方程组等相关概念及运算。

线性代数计算方面所使用的方法基本上都在 numpy 库的 linalg 模块中。

3.1 行列式

行列式是由行、列个数相等的数表构成的算式，分为二阶行列式、三阶行列式……在判定向量组的线性相关性、线性方程组有解情况、矩阵可逆性、特征值及特征值的求解、矩阵的正定性等方面都需要用到行列式，它是线性代数的基础。

行列式的运算通常用 det() 方法实现。

numpy.linalg.det(a)：参数 a 表示需要求解的行列式，类型为 array。注意：此方法无默认值。

3.1.1 行列式的定义

1. 二阶行列式

由 2^2 个数构成的算式

$$\begin{vmatrix} a_{11} & a_{12} \\ a_{21} & a_{22} \end{vmatrix} = a_{11}a_{22} - a_{12}a_{21}$$

称为二阶行列式，记作 D，即

$$D = \begin{vmatrix} a_{11} & a_{12} \\ a_{21} & a_{22} \end{vmatrix} = a_{11}a_{22} - a_{12}a_{21}$$

上式右端叫作二阶行列式的展开式。其中 a_{11}、a_{12}、a_{21}、a_{22} 叫作这个二阶行列式的元素，a_{ij} $(i=1,2, j=1,2)$ 表示二阶行列式中第 i 行第 j 列的元素。

二阶行列式的值是用对角线法则计算出来的。

2. 三阶行列式

由 3^2 个数 a_{ij} ($i=1,2,3$；$j=1,2,3$) 构成的算式

$$\begin{vmatrix} a_{11} & a_{12} & a_{13} \\ a_{21} & a_{22} & a_{23} \\ a_{31} & a_{32} & a_{33} \end{vmatrix} = a_{11}a_{22}a_{33} + a_{12}a_{23}a_{31} + a_{13}a_{21}a_{32} - a_{11}a_{23}a_{32} - a_{12}a_{21}a_{33} - a_{13}a_{22}a_{31}$$

叫作三阶行列式，记作 D，即

$$D = \begin{vmatrix} a_{11} & a_{12} & a_{13} \\ a_{21} & a_{22} & a_{23} \\ a_{31} & a_{32} & a_{33} \end{vmatrix} = a_{11}a_{22}a_{33} + a_{12}a_{23}a_{31} + a_{13}a_{21}a_{32} - a_{11}a_{23}a_{32} - a_{12}a_{21}a_{33} - a_{13}a_{22}a_{31}$$

上式右端叫作三阶行列式的展开式，它是 6 项的代数和，每项都是位于行列式中不同行、不同列的三个元素的乘积。

在三阶行列式 D 中分别划去元素 a_{11}、a_{12}、a_{13} 所在的行和列，把剩下的元素按原来的顺序构成二阶行列式，得到如下三个二阶行列式：

$$\begin{vmatrix} a_{22} & a_{23} \\ a_{32} & a_{33} \end{vmatrix},\quad \begin{vmatrix} a_{21} & a_{23} \\ a_{31} & a_{33} \end{vmatrix},\quad \begin{vmatrix} a_{21} & a_{22} \\ a_{31} & a_{32} \end{vmatrix}$$

将它们依次叫作元素 a_{11}、a_{12}、a_{13} 的余子式，记作 M_{11}、M_{12}、M_{13}，即

$$M_{11} = \begin{vmatrix} a_{22} & a_{23} \\ a_{32} & a_{33} \end{vmatrix},\quad M_{12} = \begin{vmatrix} a_{21} & a_{23} \\ a_{31} & a_{33} \end{vmatrix},\quad M_{13} = \begin{vmatrix} a_{21} & a_{22} \\ a_{31} & a_{32} \end{vmatrix}$$

记 $A_{11} = (-1)^{1+1}M_{11}$，$A_{12} = (-1)^{1+2}M_{12}$，$A_{13} = (-1)^{1+3}M_{13}$，将 A_{11}、A_{12}、A_{13} 分别叫作元素 a_{11}、a_{12}、a_{13} 的代数余子式。

一般地，三阶行列式 D 中元素 a_{ij} 的余子式是指将 D 中第 i 行第 j 列各元素划去后剩余的元素按原来的顺序构成的行列式，记作 M_{ij}。而 a_{ij} 的代数余子式为 $A_{ij} = (-1)^{i+j} M_{ij}$ ($i=1,2,3$，$j=1,2,3$)。

【例 3-1】求行列式 $\begin{vmatrix} 1 & 2 & 4 \\ 3 & 1 & 5 \\ -2 & 2 & 7 \end{vmatrix}$。

【解答】

$$\begin{vmatrix} 1 & 2 & 4 \\ 3 & 1 & 5 \\ -2 & 2 & 7 \end{vmatrix} = 1 \cdot \begin{vmatrix} 1 & 5 \\ 2 & 7 \end{vmatrix} - 2 \cdot \begin{vmatrix} 3 & 5 \\ -2 & 7 \end{vmatrix} + 4 \cdot \begin{vmatrix} 3 & 1 \\ -2 & 2 \end{vmatrix} = -3 - 62 + 32 = -33$$

【程序代码】

```
import numpy as np
D=np.array([[1,2,4],[3,1,5],[-2,2,7]])
print(np.linalg.det(D))
```

【运行结果】

```
-32.999999999999986
```

3. n 阶行列式的定义

由 n^2 个数组成的算式

$$\begin{vmatrix} a_{11} & a_{12} & \cdots & a_{1n} \\ a_{21} & a_{22} & \cdots & a_{2n} \\ \vdots & \vdots & & \vdots \\ a_{n1} & a_{n2} & \cdots & a_{nn} \end{vmatrix} = a_{11}A_{11} + a_{12}A_{12} + \cdots + a_{1n}A_{1n}$$

叫作 n 阶行列式，记作 D，即

$$D = \begin{vmatrix} a_{11} & a_{12} & \cdots & a_{1n} \\ a_{21} & a_{22} & \cdots & a_{2n} \\ \vdots & \vdots & & \vdots \\ a_{n1} & a_{n2} & \cdots & a_{nn} \end{vmatrix} = a_{11}A_{11} + a_{12}A_{12} + \cdots + a_{1n}A_{1n} = \sum_{j=1}^{n} a_{1j}A_{1j}$$

式中，A_{1j} 是元素 a_{1j} $(j = 1, 2, \cdots, n)$ 的代数余子式。

【例 3-2】计算四阶行列式 $D = \begin{vmatrix} 4 & 0 & -2 & 0 \\ 2 & 3 & 0 & -4 \\ -1 & 0 & 5 & 0 \\ 3 & 0 & 0 & 6 \end{vmatrix}$ 的值。

【解答】$a_{12} = 0$，$a_{14} = 0$，则

$$A_{11} = (-1)^{1+1} \begin{vmatrix} 3 & 0 & -4 \\ 0 & 5 & 0 \\ 0 & 0 & 6 \end{vmatrix} = 90, \quad A_{13} = (-1)^{1+3} \begin{vmatrix} 2 & 3 & -4 \\ -1 & 0 & 0 \\ 3 & 0 & 6 \end{vmatrix} = 18$$

代入公式得 $D = 4 \times 90 - 2 \times 18 = 324$。

【例 3-3】求行列式 $\begin{vmatrix} 5 & 4 & 2 & 1 \\ 2 & 1 & 4 & 2 \\ 3 & 5 & 8 & 6 \\ 1 & -1 & 0 & 1 \end{vmatrix}$。

【程序代码】

```
import numpy as np
D=np.array([[5,4,2,1],[2,1,4,2],[3,5,8,6],[1,-1,0,1]])
print(np.linalg.det(D))
```

【运行结果】

```
-121.99999999999991
```

3.1.2 行列式的性质

将 n 阶行列式 $D = \begin{vmatrix} a_{11} & a_{12} & \cdots & a_{1n} \\ a_{21} & a_{22} & \cdots & a_{2n} \\ \vdots & \vdots & & \vdots \\ a_{n1} & a_{n2} & \cdots & a_{nn} \end{vmatrix}$ 的行与列互换（不改变它们的前后顺序）后得到

一个新的行列式：

$$D^{\mathrm{T}} = \begin{vmatrix} a_{11} & a_{21} & \cdots & a_{n1} \\ a_{12} & a_{22} & \cdots & a_{n2} \\ \vdots & \vdots & & \vdots \\ a_{1n} & a_{2n} & \cdots & a_{nn} \end{vmatrix}$$

称 D^{T} 为行列式 D 的转置行列式。显然 D 也是 D^{T} 的转置行列式，于是称 D 与 D^{T} 互为转置行列式。

性质 1 行列式转置后其值不变，即 $D = D^{\mathrm{T}}$。

由此性质可知，行列式的性质凡是对行成立的对列也成立。

性质 2 互换行列式的任意两行（列），行列式变号。

互换 i、j 两行（列）记作 $r_i \leftrightarrow r_j (c_i \leftrightarrow c_j)$：

$$\begin{vmatrix} a_{11} & a_{12} & \cdots & a_{1n} \\ \vdots & \vdots & & \vdots \\ a_{i1} & a_{i2} & \cdots & a_{in} \\ \vdots & \vdots & & \vdots \\ a_{j1} & a_{j2} & \cdots & a_{jn} \\ \vdots & \vdots & & \vdots \\ a_{n1} & a_{n2} & \cdots & a_{nn} \end{vmatrix} = - \begin{vmatrix} a_{11} & a_{12} & \cdots & a_{1n} \\ \vdots & \vdots & & \vdots \\ a_{j1} & a_{j2} & \cdots & a_{jn} \\ \vdots & \vdots & & \vdots \\ a_{i1} & a_{i2} & \cdots & a_{in} \\ \vdots & \vdots & & \vdots \\ a_{n1} & a_{n2} & \cdots & a_{nn} \end{vmatrix}$$

推论 若行列式中有两行（列）元素完全相同，则行列式为零：

$$\begin{array}{c} \\ \\ i\text{行} \\ \\ \\ j\text{行} \\ \\ \\ \end{array} \begin{vmatrix} a_{11} & a_{12} & \cdots & a_{1n} \\ \vdots & \vdots & & \vdots \\ a_{i1} & a_{i2} & \cdots & a_{in} \\ \vdots & \vdots & & \vdots \\ a_{i1} & a_{i2} & \cdots & a_{in} \\ \vdots & \vdots & & \vdots \\ a_{n1} & a_{n2} & \cdots & a_{nn} \end{vmatrix} = 0$$

性质 3 行列式某行（列）中的各元素都乘以同一个数 k，等于用数 k 乘以此行列式。

第 i 行（列）乘以数 k，记作 $kr_i (kc_i)$：

$$\begin{vmatrix} a_{11} & a_{12} & \cdots & a_{1n} \\ \vdots & \vdots & & \vdots \\ ka_{i1} & ka_{i2} & \cdots & ka_{in} \\ \vdots & \vdots & & \vdots \\ a_{n1} & a_{n2} & \cdots & a_{nn} \end{vmatrix} = k \begin{vmatrix} a_{11} & a_{12} & \cdots & a_{1n} \\ \vdots & \vdots & & \vdots \\ a_{i1} & a_{i2} & \cdots & a_{in} \\ \vdots & \vdots & & \vdots \\ a_{n1} & a_{n2} & \cdots & a_{nn} \end{vmatrix}$$

推论 行列式某行（列）中的元素的公因子可提到行列式符号的外面。

性质4 行列式中若有两行（列）元素对应成比例，则此行列式等于零：

$$\begin{array}{c} \\ i\text{行} \\ \\ j\text{行} \\ \\ \\ \end{array} \begin{vmatrix} a_{11} & a_{12} & \cdots & a_{1n} \\ \vdots & \vdots & & \vdots \\ a_{i1} & a_{i2} & \cdots & a_{in} \\ \vdots & \vdots & & \vdots \\ ka_{j1} & ka_{j2} & \cdots & ka_{jn} \\ \vdots & \vdots & & \vdots \\ a_{n1} & a_{n2} & \cdots & a_{nn} \end{vmatrix} = 0$$

性质5 若行列式某行（列）中的所有元素都是两数之和，则该行列式可表示为两个行列式之和：

$$\begin{vmatrix} a_{11} & a_{12} & \cdots & a_{1n} \\ \vdots & \vdots & & \vdots \\ b_{i1}+c_{i1} & b_{i2}+c_{i2} & \cdots & b_{in}+c_{in} \\ \vdots & \vdots & & \vdots \\ a_{n1} & a_{n2} & \cdots & a_{nn} \end{vmatrix} = \begin{vmatrix} a_{11} & a_{12} & \cdots & a_{1n} \\ \vdots & \vdots & & \vdots \\ b_{i1} & b_{i2} & \cdots & b_{in} \\ \vdots & \vdots & & \vdots \\ a_{n1} & a_{n2} & \cdots & a_{nn} \end{vmatrix} + \begin{vmatrix} a_{11} & a_{12} & \cdots & a_{1n} \\ \vdots & \vdots & & \vdots \\ c_{i1} & c_{i2} & \cdots & c_{in} \\ \vdots & \vdots & & \vdots \\ a_{n1} & a_{n2} & \cdots & a_{nn} \end{vmatrix}$$

性质6 把行列式某行（列）中的所有元素都乘以同一个非零数 k，加到另一行（列）对应的元素上去，行列式不变。

用数 k 乘以第 i 行（列）加到第 j 行（列）上，记作 $kr_i + r_j (kc_i + c_j)$：

$$\begin{vmatrix} a_{11} & a_{12} & \cdots & a_{1n} \\ \vdots & \vdots & & \vdots \\ a_{i1} & a_{i2} & \cdots & a_{in} \\ \vdots & \vdots & & \vdots \\ a_{j1}+ka_{i1} & a_{j2}+ka_{i2} & \cdots & a_{jn}+ka_{in} \\ \vdots & \vdots & & \vdots \\ a_{n1} & a_{n2} & \cdots & a_{nn} \end{vmatrix} = \begin{vmatrix} a_{11} & a_{12} & \cdots & a_{1n} \\ \vdots & \vdots & & \vdots \\ a_{i1} & a_{i2} & \cdots & a_{in} \\ \vdots & \vdots & & \vdots \\ a_{j1} & a_{j2} & \cdots & a_{jn} \\ \vdots & \vdots & & \vdots \\ a_{n1} & a_{n2} & \cdots & a_{nn} \end{vmatrix}$$

性质7 行列式 D 等于它的任意一行（列）中的元素与对应的代数余子式乘积之和，即

$$D = a_{i1}A_{i1} + a_{i2}A_{i2} + \cdots + a_{in}A_{in} \ (i=1,2,\cdots,n)$$

或

$$D = a_{1j}A_{1j} + a_{2j}A_{2j} + \cdots + a_{nj}A_{nj} \ (j=1,2,\cdots,n)$$

这个性质也叫作行列式按行（列）展开法则，此性质的重要推论如下。

推论　行列式任意一行（列）中的元素与另一行（列）对应元素的代数余子式乘积之和等于零，即

$$a_{i1}A_{j1} + a_{i2}A_{j2} + \cdots + a_{in}A_{jn} = 0 \quad (i \neq j)$$

或

$$a_{1i}A_{1j} + a_{2i}A_{2j} + \cdots + a_{ni}A_{nj} = 0 \quad (i \neq j)$$

3.1.3　克莱姆法则

含有 n 个未知量、n 个方程的线性方程组：

$$\begin{cases} a_{11}x_1 + a_{12}x_2 + \cdots + a_{1n}x_n = b_1 \\ a_{21}x_1 + a_{22}x_2 + \cdots + a_{2n}x_n = b_2 \\ \vdots \qquad \vdots \qquad\quad \vdots \qquad \vdots \\ a_{n1}x_1 + a_{n2}x_2 + \cdots + a_{nn}x_n = b_n \end{cases}$$

若上述线性方程组的系数行列式不等于零，即

$$D = \begin{vmatrix} a_{11} & a_{12} & \cdots & a_{1n} \\ a_{21} & a_{22} & \cdots & a_{2n} \\ \vdots & \vdots & & \vdots \\ a_{n1} & a_{n2} & \cdots & a_{nn} \end{vmatrix} \neq 0$$

则方程组有唯一解：

$$x_1 = \frac{D_1}{D}, \ x_2 = \frac{D_2}{D}, \ \cdots, \ x_n = \frac{D_n}{D}$$

式中，$D_j \, (j = 1, 2, \cdots, n)$ 是用 $b_1, b_2, \cdots, b_n$ 代替 D 中第 j 列得到的 n 阶行列式。

线性方程组 $\begin{cases} a_{11}x_1 + a_{12}x_2 + \cdots + a_{1n}x_n = 0 \\ a_{21}x_1 + a_{22}x_2 + \cdots + a_{2n}x_n = 0 \\ \vdots \qquad \vdots \qquad\quad \vdots \qquad \vdots \\ a_{n1}x_1 + a_{n2}x_2 + \cdots + a_{nn}x_n = 0 \end{cases}$ 称为齐次线性方程组。

显然，$x_1 = x_2 = \cdots = x_n = 0$ 是齐次线性方程组的解，称为齐次线性方程组的零解，齐次线性方程组一定有零解。若齐次线性方程组的一个解中的 $x_1, x_2, \cdots, x_n$ 不全为零，则称该解为齐次线性方程组的非零解。

【例 3-4】克莱姆法则的程序实现。

【程序代码】

```
import numpy as np
import copy
def cramer(d,b):
    if d.shape[0]!=d.shape[1]:
        print('此矩阵不是方阵！')
        return
    if np.linalg.det(d) == 0:
        print('系数方阵为 0')
```

```
        return
    d_i = []
    for i in range(b.shape[0]):
        d_i.append(copy.deepcopy(d))
        d_i[i][:,i] = b
    x = []
    for i in range(b.shape[0]):
        x.append(np.linalg.det(d_i[i]) / np.linalg.det(d))
    print(x)
d = np.array([[2,1,1],[1,2,1],[1,1,2]])
b = np.array([15,16,17])
cramer(d,b)
```

【运行结果】

```
[3.000000000000001, 4.000000000000003, 5.0]
```

【例 3-5】 解线性方程组 $\begin{cases} x_1 + x_2 + x_3 = 5 \\ 2x_1 + x_2 - x_3 + x_4 = 1 \\ x_1 + 2x_2 - x_3 + x_4 = 2 \\ x_2 + 2x_3 + 3x_4 = 3 \end{cases}$。

利用行列式求解线性方程组，可使用 numpy 库的 linalg 模块中的 solve()函数实现，其语法如下。

numpy.linalg.solve(a,b)：参数 a 表示求解的线性方程组的系数行列式；参数 b 表示需要进行求解的线性方程组的常数列。

【程序代码】

```
import numpy as np
a=np.array([[1,1,1,0],[2,1,-1,1],[1,2,-1,1],[0,1,2,3]])
b=np.array([5,1,2,3])
print(np.linalg.solve(a,b))
```

【运行结果】

```
[ 1.,  2.,  2.,  -1.]
```

注意：此时，还可以用 numpy.linalg.det( )分别求出 D、D_1、D_2、D_3、D_4，由克莱姆法则分别求出 x_1、x_2、x_3、x_4。

3.2 矩阵

矩阵是由一系列数排成行和列的数表，其行数与列数可以相等也可以不等。矩阵和行列式是两个完全不同的概念，但它们之间又有一定的联系。在全连接神经网络系统中，各神经元之间的关系就可以用线性变换来描述，其数学模型本质上是矩阵的变换。在图像处理过程中，平移、镜像、转置、缩放本质上也是矩阵的变换。可以说，在人工智能领域中，矩阵无处不在。

3.2.1　矩阵的概念

由 $m \times n$ 个数 a_{ij} $(i = 1, 2, \cdots, m,\ j = 1, 2, \cdots, n)$ 排列成 m 行 n 列的矩形表

$$A = \begin{pmatrix} a_{11} & a_{12} & \dots & a_{1n} \\ a_{21} & a_{22} & \dots & a_{2n} \\ \vdots & \vdots & & \vdots \\ a_{m1} & a_{m2} & \dots & a_{mn} \end{pmatrix}$$

称为 m 行 n 列矩阵，简称 $m \times n$ 矩阵。其中 a_{ij} 称为矩阵 $\boldsymbol{A}$ 的第 i 行第 j 列元素。为了方便，也可简记为 $\boldsymbol{A} = (a_{ij})_{m \times n}$ 或 $\boldsymbol{A}_{m \times n}$，用字母 $\boldsymbol{A}$、$\boldsymbol{B}$、$\boldsymbol{C}$ 等表示。

Python 创建矩阵有以下两种不同的方法。

方法一：np.mat()。

```
import numpy as np
A1=np.mat('1 2 3 4;3 4 5 6 ;5 6 7 8;7 8 9 0')
print(A1)
```

方法二：np.matrix()。

```
import numpy as np
A2=np.matrix([[1,2,3,4],[3,4,5,6],[5,6,7,8],[7,8,9,0]])
print(A2)
```

创建零矩阵的方法为 numpy.zeros(shape,dtype,order='C')；

创建单位矩阵的方法为 numpy.eye(n)，n 表示大小；

创建对角矩阵的方法为 numpy.diag(v,k=0)。

常见的特殊矩阵如下。

（1）所有元素均为零的矩阵称为零矩阵，记作 $\boldsymbol{O}_{m \times n}$ 或 $\boldsymbol{O}$。

（2）由矩阵的概念可知，当 $n = 1$ 时，$\boldsymbol{A} = (a_{ij})_{m \times 1} = \begin{pmatrix} a_{11} \\ a_{21} \\ \vdots \\ a_{m1} \end{pmatrix}$，称为列矩阵；当 $m = 1$ 时，

$\boldsymbol{A} = (a_{ij})_{1 \times n} = (a_{11} \quad a_{12} \quad \cdots \quad a_{1n})$，称为行矩阵。

（3）当 $m = n$ 时，$\boldsymbol{A} = (a_{ij})_{n \times n}$，称为 n 阶方阵。

形如 $\boldsymbol{A} = \begin{pmatrix} a_{11} & 0 & \cdots & 0 \\ a_{21} & a_{22} & \dots & 0 \\ \vdots & \vdots & & \vdots \\ a_{n1} & a_{n2} & \dots & a_{nn} \end{pmatrix}$ 或 $\boldsymbol{B} = \begin{pmatrix} a_{11} & a_{12} & \dots & a_{1n} \\ 0 & a_{22} & \dots & a_{2n} \\ \vdots & \vdots & & \vdots \\ 0 & \cdots & \dots & a_{nn} \end{pmatrix}$ 的 n 阶方阵称为下三角矩阵或

上三角矩阵。

（4）主对角线以外的元素都为 0 的 n 阶方阵 $A=\begin{pmatrix} a_{11} & 0 & \dots & 0 \\ 0 & a_{22} & \dots & 0 \\ \vdots & \vdots & & \vdots \\ 0 & 0 & \dots & a_{nn} \end{pmatrix}$，称为 n 阶对角形

矩阵。

（5）主对角线上元素都是 1 的 n 阶对角形矩阵 $E=\begin{pmatrix} 1 & 0 & \dots & 0 \\ 0 & 1 & \dots & 0 \\ \vdots & \vdots & & \vdots \\ 0 & 0 & \cdots & 1 \end{pmatrix}$，称为 n 阶单位矩阵。

若两个矩阵 A 与 B 行数相等，列数也相等，则称矩阵 A 与 B 是同型矩阵。对于同型矩阵 $A=(a_{ij})_{m\times n}$，$B=(b_{ij})_{m\times n}$，若 $a_{ij}=b_{ij}$ $(i=1,2,\cdots,m,\ j=1,2,\cdots n)$，则称矩阵 A 与 B 相等，记作 $A=B$。

3.2.2 矩阵的线性运算

设同型矩阵 $A=(a_{ij})_{m\times n}$，$B=(b_{ij})_{m\times n}$，规定 A 与 B 的和为 $(a_{ij}+b_{ij})_{m\times n}$，记作 $A+B$，即

$$A+B=\begin{pmatrix} a_{11}+b_{11} & a_{12}+b_{12} & \dots & a_{1n}+b_{1n} \\ a_{21}+b_{21} & a_{22}+b_{22} & \dots & a_{2n}+b_{2n} \\ \vdots & \vdots & & \vdots \\ a_{m1}+b_{m1} & a_{m2}+b_{m2} & \dots & a_{mn}+b_{mn} \end{pmatrix}$$

对于同型矩阵 A、B、C，显然，矩阵加法有如下运算性质。

（1）交换律：$A+B=B+A$。

（2）结合律：$(A+B)+C=A+(B+C)$。

（3）$A+(-A)=0$。

由此定义矩阵 A 与 B 的减法为

$$A-B=A+(-B)=(a_{ij}-b_{ij})_{m\times n}$$

常数 k 与矩阵 $A=(a_{ij})_{m\times n}$ 的乘积为 $(ka_{ij})_{m\times n}$，记作 kA，即

$$kA=(ka_{ij})_{m\times n}=\begin{pmatrix} ka_{11} & ka_{12} & \dots & ka_{1n} \\ ka_{21} & ka_{22} & \dots & ka_{2n} \\ \vdots & \vdots & & \vdots \\ ka_{m1} & ka_{m2} & \dots & ka_{mn} \end{pmatrix}$$

对于任意常数 k、λ，容易验证数与矩阵相乘有如下运算性质。

（1）分配律：$k(A+B)=kA+kB$；$(k+\lambda)A=kA+\lambda A$。

（2）结合律：$(k\lambda)A=k(\lambda A)=\lambda(kA)$。

3.2.3 矩阵的乘法

设矩阵 $A=(a_{ij})_{m\times n}$，$B=(b_{ij})_{n\times s}$，则 A 与 B 的乘积是矩阵 $C=(c_{ij})_{m\times s}$，其中

$$c_{ij} = (a_{i1} \quad a_{i2} \quad \cdots \quad a_{in}) \begin{pmatrix} b_{1j} \\ b_{2j} \\ \vdots \\ b_{nj} \end{pmatrix} = a_{i1}b_{1j} + a_{i2}b_{2j} + \cdots + a_{in}b_{nj}$$

记作 $C = AB$。

【例 3-6】设 $A = (1\,2\,3)$, $B = \begin{pmatrix} 4 \\ 5 \\ 6 \end{pmatrix}$, 求 AB 与 BA。

【解答】$AB = (1\,2\,3)\begin{pmatrix} 4 \\ 5 \\ 6 \end{pmatrix} = (32)$, $BA = \begin{pmatrix} 4 & 8 & 12 \\ 5 & 10 & 15 \\ 6 & 12 & 18 \end{pmatrix}$。

显然 $AB \neq BA$, 说明矩阵乘法不满足交换律。

矩阵乘法有如下运算规律（假设以下运算都有意义）。

（1）结合律：$(AB)C = A(BC)$。

（2）分配律：$A(B+C) = AB + AC$；$(B+C)A = BA + CA$；$k(AB) = (kA)B = A(kB)$（k 为常数）。

对于 n 阶方阵 A, 其 k 次幂记作 A^k, 即 $A^k = \overbrace{A \cdot A \cdots A}^{k\text{个}}$, 规定 $A^0 = E$。

实现矩阵乘法的方法有以下两种。

```
numpy.dot(a,b,out=None)
```

```
a*b
```

【例 3-7】已知 $A = \begin{pmatrix} 1 & 0 & 3 & -1 \\ 2 & 1 & 0 & 2 \end{pmatrix}$, $B = \begin{pmatrix} 4 & 1 & 0 \\ -1 & 1 & 3 \\ 2 & 0 & 1 \\ 1 & 3 & 4 \end{pmatrix}$, 求 $3AB$。

【程序代码 1】

```
from numpy import *
a1=mat([[1,0,3,-1],[2,1,0,2]])
a2=mat([[4,1,0],[-1,1,3],[2,0,1],[1,3,4]])
a3=(3*a1)*a2
print(a3)
```

【运行结果】

```
[[27 -6 -3]
 [27 27 33]]
```

【程序代码 2】

```
import numpy as np
a1=np.mat([[1,0,3,-1],[2,1,0,2]])
a2=np.mat([[4,1,0],[-1,1,3],[2,0,1],[1,3,4]])
```

```
a3=np.dot(3*a1,a2)
print(a3)
```

【例 3-8】 卷积运算。

在数字图像处理领域，卷积是一种常见的运算，可用于图像去噪、增强、边缘检测等，还可以用于提取图像的特征。其方法是用一个称为卷积核的矩阵自上而下、自左向右在图像上滑动，将卷积核矩阵的各元素与它在图像上覆盖的对应位置的元素相乘，求和，得到输出值。假设给定矩阵 A 及卷积核 K：

$$A = \begin{bmatrix} 2 & 1 & 1 & 3 & 6 \\ 12 & 3 & 3 & 6 & 7 \\ 7 & 2 & 3 & 1 & 5 \\ 2 & 3 & 5 & 1 & 2 \\ 0 & 3 & 2 & 2 & 1 \end{bmatrix} \qquad K = \begin{bmatrix} 2 & 1 & 3 \\ 2 & 0 & 2 \\ 4 & 2 & 1 \end{bmatrix}$$

例如，$b_{11} = 2 \times 2 + 1 \times 1 + 3 \times 1 + 2 \times 12 + 0 \times 3 + 2 \times 3 + 4 \times 7 + 2 \times 2 + 1 \times 3 = 73$。

卷积后的矩阵为

$$B = \begin{bmatrix} 73 & 45 & 62 \\ 75 & 56 & 73 \\ 47 & 36 & 49 \end{bmatrix}$$

【程序代码】

```
import numpy as np
input=\
np.array([[2,1,1,3,6],[12,3,3,6,7],[7,2,3,1,5],[2,3,5,1,2],[0,3,2,2,1]])
kernel = np.array([[2,1,3],[2,0,2],[4,2,1]])
print(input.shape,kernel.shape)
def my_conv(input,kernel):
    output_size = (len(input)-len(kernel)+1)
    res = np.zeros([output_size,output_size],np.float32)
    for i in range(len(res)):
        for j in range(len(res)):
            res[i][j] = compute_conv(input,kernel,i,j)
    return res
def compute_conv(input,kernel,i,j):
    res = 0
    for kk in range(3):
        for k in range(3):
            res +=input[i+kk][j+k]*kernel[kk][k]
    return res
print("卷积后的矩阵为：\n",my_conv(input,kernel))
```

【运行结果】

```
(5, 5) (3, 3)
```

卷积后的矩阵为:

```
[[73 45 62]
 [75 56 73]
 [47 36 49]]
```

3.2.4　转置矩阵

将矩阵 $A = \begin{pmatrix} a_{11} & a_{12} & \dots & a_{1n} \\ a_{21} & a_{22} & \dots & a_{2n} \\ \vdots & \vdots & & \vdots \\ a_{m1} & a_{m2} & \dots & a_{mn} \end{pmatrix}$ 的所有行换成相应的列得到的新矩阵,称为 A 的转置矩

阵,记作 A^{T},即

$$A^{\mathrm{T}} = \begin{pmatrix} a_{11} & a_{21} & \dots & a_{m1} \\ a_{12} & a_{22} & \dots & a_{m2} \\ \vdots & \vdots & & \vdots \\ a_{1n} & a_{2n} & \dots & a_{mn} \end{pmatrix}$$

对于方阵 A,若满足 $A^{\mathrm{T}} = A (a_{ij} = a_{ji},\ i \neq j)$,则称方阵 A 为对称矩阵。

转置运算有如下运算规律。

(1) $(A^{\mathrm{T}})^{\mathrm{T}} = A$。

(2) $(A + B)^{\mathrm{T}} = A^{\mathrm{T}} + B^{\mathrm{T}}$。

(3) $(kA)^{\mathrm{T}} = kA^{\mathrm{T}}$ (k 为常数)。

(4) $(AB)^{\mathrm{T}} = B^{\mathrm{T}} A^{\mathrm{T}}$。

转置矩阵的程序表示为 a.T。

【例 3-9】已知矩阵 $A = \begin{pmatrix} 1 & 2 & 3 \\ 4 & 5 & 6 \\ 7 & 8 & 9 \end{pmatrix}$,求 A^{T}。

【程序代码】

```
import numpy as np
a=np.array([[1,2,3],[4,5,6],[7,8,9]])
print(a.T)
```

【运行结果】

```
[[1 4 7]
 [2 5 8]
 [3 6 9]]
```

3.2.5　逆矩阵

1.方阵行列式

由 n 阶方阵 A 的元素构成的行列式(各元素的位置不变),称为方阵 A 的行列式,记

作 $|A|$。

n 阶方阵 A 的行列式有如下运算规律（设 B 为 n 阶方阵，k 为常数）。

（1）$\left|A^{\mathrm{T}}\right|=|A|$。

（2）$|kA|=k^n|A|$（k 为非零常数）。

（3）$|AB|=|A||B|$。

2. 伴随矩阵

n 阶方阵 $A=(a_{ij})_{n\times n}$ 的行列式各元素的代数余子式 $A_{ij}\ (i,j=1,2,\cdots,n)$ 构成的 n 阶方阵为

$$A^*=\begin{pmatrix} A_{11} & A_{21} & A_{31} & \cdots & A_{n1} \\ A_{12} & A_{22} & A_{32} & \cdots & A_{n2} \\ \vdots & \vdots & \vdots & & \vdots \\ A_{1n} & A_{2n} & A_{3n} & \cdots & A_{nn} \end{pmatrix}$$

称为 n 阶方阵 A 的伴随矩阵。

3. 逆矩阵

对于 n 阶方阵 A，若存在一个 n 阶方阵 B，使得

$$AB=BA=E$$

则称方阵 A 是可逆的，矩阵 B 称为 A 的逆矩阵，记作 A^{-1}，即 $B=A^{-1}$。

例如，二阶方阵 $A=\begin{pmatrix}0 & -1 \\ 1 & 1\end{pmatrix}$，存在一个二阶方阵 $B=\begin{pmatrix}1 & 1 \\ -1 & 0\end{pmatrix}$，使得 $AB=BA=\begin{pmatrix}1 & 0 \\ 0 & 1\end{pmatrix}$，则 A 是可逆的，且 $A^{-1}=B$。

当 A 是 B 的逆矩阵时，B 也是 A 的逆矩阵，即 A 与 B 互为逆矩阵。

显然，单位矩阵 E 的逆矩阵就是它自身。

若方阵 A 是可逆的，则 A 的逆矩阵是唯一的。

根据行列式的性质有

$$AA^*=A^*A=|A|E$$

当 $|A|\neq 0$ 时，有

$$A\cdot\frac{A^*}{|A|}=\frac{A^*}{|A|}\cdot A=E$$

从而有 n 阶方阵 A 可逆的充要条件是 $|A|\neq 0$，且

$$A^{-1}=\frac{1}{|A|}A^*$$

【例 3-10】求 $A=\begin{pmatrix}1 & 2 & 3 \\ 2 & 2 & 1 \\ 3 & 4 & 3\end{pmatrix}$ 的逆矩阵。

【解答】 $A^{-1} = \dfrac{1}{|A|}A^* = \dfrac{1}{2}\begin{pmatrix} 2 & 6 & -4 \\ -3 & -6 & 5 \\ 2 & 2 & -2 \end{pmatrix} = \begin{pmatrix} 1 & 3 & -2 \\ -\dfrac{3}{2} & -3 & \dfrac{5}{2} \\ 1 & 1 & -1 \end{pmatrix}$。

当方阵 A 的行列式 $|A|=0$ 时，称 A 为奇异方阵，否则称 A 为非奇异方阵，方阵 A 的逆矩阵有如下运算性质。

（1）若方阵 A 可逆，则 A^{-1} 也可逆，且 $(A^{-1})^{-1}=A$。

（2）若方阵 A 可逆，则 A^T 也可逆，且 $(A^T)^{-1}=(A^{-1})^T$。

（3）若方阵 A 可逆，则对于非零常数 k，kA 也可逆，且 $(kA)^{-1}=\dfrac{1}{k}A^{-1}$。

（4）若同阶方阵 A、B 都可逆，则 AB 也可逆，且 $(AB)^{-1}=B^{-1}A^{-1}$。

编程求矩阵的逆有以下两种表示方法。

```
a.I
```

```
numpy.linalg.inv(a)
```

【例 3-11】 设 $A = \begin{pmatrix} 1 & 2 & -2 \\ 2 & -3 & 2 \\ -2 & -1 & 1 \end{pmatrix}$，求 $(A^{-1})^T$。

【程序代码 1】

```
from numpy import *
a=mat([[1,2,-2],[2,-3,2],[-2,-1,1]]);
a1=a.I        #求逆
a2=a1.T       #求转置
print(a2)
```

【运行结果】

```
[[-0.33333333 -2          -2.66666667]
 [ 0          -1          -1         ]
 [-0.66666667 -2          -2.33333333]]
```

【程序代码 2】

```
import numpy as np
a=mat([[1,2,-2],[2,-3,2],[-2,-1,1]]);
a1=np.linalg.inv(a)        #求逆
a2=a1.T       #求转置
print(a2)
```

3.2.6　矩阵的秩及初等变换

1. 矩阵的秩

从矩阵 $A=(a_{ij})_{m\times n}$ 中，任取 k 行 k 列 $[k\leqslant \min(m,n)]$，位于这些行列交叉处的 k^2 个元素，按原顺序构成的 k 阶行列式，叫作矩阵 A 的一个 k 阶子式（简称子式）。

若矩阵 A 中至少存在一个不为零的 r 阶子式，而所有的 $r+1$ 阶子式（若存在）全为零，则把数 r 叫作矩阵 A 的秩，记作 $R(A)$，规定零矩阵的秩为零。

由定义可知，$R(A^{\mathrm{T}}) = R(A)$。

若 $A = (a_{ij})_{n\times n}$，且 $|A| \neq 0$，则 $R(A) = n$，这时也把方阵 A 叫作满秩矩阵。

2. 矩阵的初等变换

下面三种变换称为矩阵的初等行变换。

（1）互换矩阵中的任意两行（第 i 行与第 j 行互换，记作 $r_i \leftrightarrow r_j$）。

（2）用非零常数 k 乘以矩阵某行（k 乘以第 i 行，记作 kr_i）。

（3）把矩阵某行所有元素的 k 倍加到另一行对应的元素上去（第 i 行的 k 倍加到第 j 行上去，记作 $kr_i + r_j$）。

把"行"换成"列"，就得到矩阵的初等列变换的定义（把"r"改成"c"），矩阵的初等行变换与初等列变换，统称为矩阵的初等变换。

利用矩阵的初等变换可以将已知矩阵化为阶梯形矩阵。例如

$$B = \begin{pmatrix} 1 & 2 & 3 & 6 \\ 1 & 1 & 2 & 4 \\ 0 & 1 & 1 & 2 \end{pmatrix} \xrightarrow{-r_1+r_2} \begin{pmatrix} 1 & 2 & 3 & 6 \\ 0 & -1 & -1 & -2 \\ 0 & 1 & 1 & 2 \end{pmatrix}$$

$$\xrightarrow{r_2+r_3} \begin{pmatrix} 1 & 2 & 3 & 6 \\ 0 & -1 & -1 & -2 \\ 0 & 0 & 0 & 0 \end{pmatrix}$$

注意：矩阵的初等变换不改变矩阵的秩。

从而有，求矩阵的秩时，可用矩阵的初等变换将其化为阶梯形矩阵，得到的阶梯形矩阵的秩就是所求矩阵的秩。

求矩阵的秩，主要用到的方法如下。

```
numpy.linalg.matrix_rank(M,tol=None)
```

【例 3-12】求矩阵 $A = \begin{pmatrix} 1 & 3 & -2 & 2 \\ 0 & 2 & -1 & 3 \\ -2 & 0 & 1 & 5 \end{pmatrix}$ 的秩 $R(A)$。

【解答】$A = \begin{pmatrix} 1 & 3 & -2 & 2 \\ 0 & 2 & -1 & 3 \\ -2 & 0 & 1 & 5 \end{pmatrix} \rightarrow \begin{pmatrix} 1 & 3 & -2 & 2 \\ 0 & 2 & -1 & 3 \\ 0 & 6 & -3 & 9 \end{pmatrix} \rightarrow \begin{pmatrix} 1 & 3 & -2 & 2 \\ 0 & 2 & -1 & 3 \\ 0 & 0 & 0 & 0 \end{pmatrix}$，$R(A) = 2$。

【程序代码】

```
import numpy as np
a=np.mat([[1,3,-2,2],[0,2,-1,3],[-2,0,1,5]])
r=np.linalg.matrix_rank(a)
print("矩阵的秩为：",r)
```

【运行结果】

矩阵的秩为：　2

3. 初等方阵

由单位矩阵经过一次初等变换得到的方阵叫作初等方阵。

矩阵的三种初等行变换对应的三种初等方阵如下。

（1）互换两行，记作 $E(r_i \leftrightarrow r_j)$。

（2）用非零常数 k 乘以矩阵 E 的第 i 行，记作 $E(kr_i)$。

（3）用非零常数 k 乘以矩阵 E 的第 i 行加到第 j 行上，记作 $E(kr_i + r_j)$。

将上面的"行"改成"列"，就得到矩阵的三种初等列变换对应的三种初等方阵（将"r"改成"c"）。

若矩阵 A 经过若干次初等行变换变成矩阵 B，则称矩阵 A 与 B 是等价矩阵，记作 $A \sim B$。

注意：由于矩阵的初等行变换改变了矩阵的元素，因此初等行变换前后的矩阵是不相等的，因而矩阵经过初等行变换后，两矩阵的关系应该用"→"或"~"连接，而不可用"="连接。通过对矩阵不断地进行初等行变换可以达到简化矩阵的目的。

如果将线性方程组的系数及常数列抽象为一个增广矩阵，对增广矩阵进行初等行变换，相当于对原线性方程组进行同解变形，增广矩阵变换越简单，原线性方程组越容易求解。

利用初等行变换还可以求方阵的逆，方法如下。

将矩阵 A 接上同型的单位矩阵 E，进行初等行变换，当前一部分 A 变形为单位矩阵 E 时，后一部分为 A^{-1}，即 $(A \mid E) \xrightarrow{\text{初等行变换}} (E \mid A^{-1})$。

【例 3-13】求矩阵 $A = \begin{pmatrix} 3 & 2 & 1 \\ 3 & 1 & 5 \\ 3 & 2 & 3 \end{pmatrix}$ 的逆。

【解答】
$$\begin{pmatrix} 3 & 2 & 1 & 1 & 0 & 0 \\ 3 & 1 & 5 & 0 & 1 & 0 \\ 3 & 2 & 3 & 0 & 0 & 1 \end{pmatrix} \sim \begin{pmatrix} 3 & 2 & 1 & 1 & 0 & 0 \\ 0 & -1 & 4 & -1 & 1 & 0 \\ 0 & 0 & 2 & -1 & 0 & 1 \end{pmatrix} \sim \begin{pmatrix} 3 & 2 & 0 & \frac{3}{2} & 0 & -\frac{1}{2} \\ 0 & -1 & 0 & 1 & 1 & -2 \\ 0 & 0 & 2 & -1 & 0 & 1 \end{pmatrix}$$

$$\sim \begin{pmatrix} 3 & 0 & 0 & \frac{7}{2} & 2 & -\frac{9}{2} \\ 0 & -1 & 0 & 1 & 1 & -2 \\ 0 & 0 & 1 & -\frac{1}{2} & 0 & \frac{1}{2} \end{pmatrix} \sim \begin{pmatrix} 1 & 0 & 0 & \frac{7}{6} & \frac{2}{3} & -\frac{3}{2} \\ 0 & 1 & 0 & -1 & -1 & 2 \\ 0 & 0 & 1 & -\frac{1}{2} & 0 & \frac{1}{2} \end{pmatrix}$$

故逆矩阵为

$$A^{-1} = \begin{pmatrix} \dfrac{7}{6} & \dfrac{2}{3} & -\dfrac{3}{2} \\ -1 & -1 & 2 \\ -\dfrac{1}{2} & 0 & \dfrac{1}{2} \end{pmatrix}$$

3.3 向量

3.3.1 向量的概念

由 n 个数 $a_1, a_2, \cdots, a_n$ 组成的 n 元有序数组 $(a_1, a_2, \cdots, a_n)$ 称为 n 维向量，记作 $\boldsymbol{\alpha}$，即

$$\boldsymbol{\alpha} = (a_1, a_2, \cdots, a_n) \text{ 或 } \boldsymbol{\alpha} = \begin{pmatrix} a_1 \\ a_2 \\ \vdots \\ a_n \end{pmatrix}.$$

其中，数 $a_i\,(i=1,2,\cdots,n)$ 叫作向量 $\boldsymbol{\alpha}$ 的分量（或坐标），并将 n 维向量 $\boldsymbol{\alpha} = (a_1, a_2, \cdots, a_n)$ 称为行向量，n 维向量 $\boldsymbol{\alpha} = \begin{pmatrix} a_1 \\ a_2 \\ \vdots \\ a_n \end{pmatrix}$ 称为列向量。因此，n 维行向量可以看作 $1 \times n$ 矩阵，n 维列向量可以看作 $n \times 1$ 矩阵，且有

$$\boldsymbol{\alpha}^{\mathrm{T}} = (a_1, a_2, \cdots, a_n)^{\mathrm{T}} = \begin{pmatrix} a_1 \\ a_2 \\ \vdots \\ a_n \end{pmatrix}$$

当 $n=2$ 时，$\boldsymbol{\alpha} = (a_1, a_2)$ 是平面上的向量；当 $n=3$ 时，$\boldsymbol{\alpha} = (a_1, a_2, a_3)$ 是空间上的向量；当 $n>3$ 时，n 维向量就没有直观的几何意义了。

分量全为零的向量叫作零向量，记作 $\boldsymbol{0} = (0, 0, \cdots, 0)$。

由矩阵的线性运算可以定义向量的线性运算如下。

设 $\boldsymbol{\alpha} = (a_1, a_2, \cdots, a_n)$，$\boldsymbol{\beta} = (b_1, b_2, \cdots, b_n)$，则有如下定义。

（1）$\boldsymbol{\alpha} = \boldsymbol{\beta} \Leftrightarrow a_i = b_i\,(i=1,2,\cdots,n)$。

（2）$\boldsymbol{\alpha} \pm \boldsymbol{\beta} = (a_1 \pm b_1, a_2 \pm b_2, \cdots, a_n \pm b_n)$。

（3）$k\boldsymbol{\alpha} = (ka_1, ka_2, \cdots, ka_n)$（$k$ 是常数）。

另外，A 的每一行也可以看作一个 n 维向量，若记 $\alpha_i = (a_{i1}, a_{i2}, \cdots, a_{in})\,(i=1,2,\cdots,m)$，则 A 可表示为

$$A = \begin{pmatrix} \alpha_1 \\ \alpha_2 \\ \vdots \\ \alpha_m \end{pmatrix} = \begin{pmatrix} a_{11} & a_{12} & \cdots & a_{1n} \\ a_{21} & a_{22} & \cdots & a_{2n} \\ \vdots & \vdots & & \vdots \\ a_{m1} & a_{m2} & \cdots & a_{mn} \end{pmatrix}$$

即矩阵 A 可以看作由其 m 个行向量 $\alpha_i = (a_{i1}, a_{i2}, \cdots, a_{in})\ (i = 1, 2, \cdots, m)$ 构成；反之，给定 m 个向量 $\alpha_i = (a_{i1}, a_{i2}, \cdots, a_{in})\ (i = 1, 2, \cdots, m)$ 可构成矩阵 A，这时称矩阵 A 为向量 $\alpha_1, \alpha_2, \cdots, \alpha_m$ 的对应矩阵，其中 α_i 叫作矩阵 A 的第 i 个行向量。

另外，非齐次线性方程组

$$\begin{cases} a_{11}x_1 + a_{12}x_2 + \cdots + a_{1n}x_n = b_1 \\ a_{21}x_1 + a_{22}x_2 + \cdots + a_{2n}x_n = b_2 \\ \vdots \qquad \vdots \qquad\quad \vdots \qquad \vdots \\ a_{m1}x_1 + a_{m2}x_2 + \cdots + a_{mn}x_n = b_m \end{cases}$$

可表示为 $\begin{pmatrix} a_{11} \\ a_{21} \\ \vdots \\ a_{m1} \end{pmatrix} x_1 + \begin{pmatrix} a_{12} \\ a_{22} \\ \vdots \\ a_{m2} \end{pmatrix} x_2 + \cdots + \begin{pmatrix} a_{1n} \\ a_{2n} \\ \vdots \\ a_{mn} \end{pmatrix} x_n = \begin{pmatrix} b_1 \\ b_2 \\ \vdots \\ b_m \end{pmatrix}$。

若记 $\alpha_1 = \begin{pmatrix} a_{11} \\ a_{21} \\ \vdots \\ a_{m1} \end{pmatrix}, \alpha_2 = \begin{pmatrix} a_{12} \\ a_{22} \\ \vdots \\ a_{m2} \end{pmatrix}, \cdots, \alpha_n = \begin{pmatrix} a_{1n} \\ a_{2n} \\ \vdots \\ a_{mn} \end{pmatrix}, \boldsymbol{\beta} = \begin{pmatrix} b_1 \\ b_2 \\ \vdots \\ b_m \end{pmatrix}$，则有 $\alpha_1 x_1 + \alpha_2 x_2 + \cdots + \alpha_n x_n = \boldsymbol{\beta}$。

显然，方程组是否有解等价于向量 $\boldsymbol{\beta}$ 能否被向量组 $\alpha_1, \alpha_2, \cdots, \alpha_n$ 线性表示，这就是向量的线性相关性。

3.3.2 n 维向量组的线性相关性

1. 线性表示

给定 n 维向量 $\boldsymbol{\beta}$，$\alpha_1, \alpha_2, \cdots, \alpha_m$，对于任何一组数 $k_1, k_2, \cdots, k_m$，使得 $\boldsymbol{\beta} = k_1\alpha_1 + k_2\alpha_2 + \cdots + k_m\alpha_m$，则称向量 $\boldsymbol{\beta}$ 为向量组 $\alpha_1, \alpha_2, \cdots, \alpha_m$ 的线性组合，或者称向量 $\boldsymbol{\beta}$ 可由向量组 $\alpha_1, \alpha_2, \cdots, \alpha_m$ 线性表示。显然，零向量可由任何向量组线性表示。

另外，任意一个 n 维向量 $\alpha = (a_1, a_2, \cdots, a_n)$ 都可由向量组 $\varepsilon_1 = (1, 0, 0, \cdots, 0)$, $\varepsilon_2 = (0, 1, 0, \cdots, 0), \cdots, \varepsilon_n = (0, 0, 0, \cdots, 1)$ 线性表示，其中，向量组 $\varepsilon_1, \varepsilon_2, \cdots, \varepsilon_n$ 叫作 n 维单位向量组。

n 维向量 $\boldsymbol{\beta}$ 可由 n 维向量组 $\alpha_1, \alpha_2, \cdots, \alpha_m$ 线性表示的充要条件是矩阵 $A = (\alpha_1, \alpha_2, \cdots, \alpha_m)$ 的秩等于矩阵 $B = (\alpha_1, \alpha_2, \cdots, \alpha_m, \boldsymbol{\beta})$ 的秩。

2. 线性相关性

设 $\alpha_1, \alpha_2, \cdots, \alpha_m$ 为 m 个 n 维向量，若存在一组不全为零的数 $k_1, k_2, \cdots, k_m$，使得

$$k_1\alpha_1 + k_2\alpha_2 + \cdots + k_m\alpha_m = 0$$

成立，则称向量组 $\alpha_1, \alpha_2, \cdots, \alpha_m$ 线性相关，否则称向量组 $\alpha_1, \alpha_2, \cdots, \alpha_m$ 线性无关。

向量组线性相关性性质。

性质 1　n 维向量组 $\alpha_1 = (a_{11}, a_{12}, \cdots, a_{1n}), \alpha_2 = (a_{21}, a_{22}, \cdots, a_{2n}), \cdots, \alpha_m = (a_{m1}, a_{m2}, \cdots, a_{mn})$ $(m \geqslant 2)$ 线性相关的充要条件是对应矩阵

$$A = \begin{pmatrix} a_{11} & a_{12} & \ldots & a_{1n} \\ a_{21} & a_{22} & \ldots & a_{2n} \\ \vdots & \vdots & & \vdots \\ a_{m1} & a_{m2} & \ldots & a_{mn} \end{pmatrix}$$

的秩小于 m。

性质 2　若向量组 $\alpha_i = (a_{i1}, a_{i2}, \cdots, a_{in})$ $(i = 1, 2, \cdots, m)$ 线性无关，则将 α_i 添加一个分量后得到的 $n+1$ 维向量组

$$\beta_i = (a_{i1}, a_{i2}, \cdots, a_{in}, a_{i,n+1}) \quad (i = 1, 2, \cdots, m)$$

也线性无关。

性质 3　向量组 $\alpha_1, \alpha_2, \cdots, \alpha_m$ $(m \geqslant 2)$ 线性相关的充要条件是其中一个向量可由其余 $m-1$ 个向量线性表示。

性质 4　设向量组 $\alpha_1, \alpha_2, \cdots, \alpha_m$ 线性无关，而 $\boldsymbol{\beta}, \alpha_1, \alpha_2, \cdots, \alpha_m$ 线性相关，则向量 $\boldsymbol{\beta}$ 可由 $\alpha_1, \alpha_2, \cdots, \alpha_m$ 线性表示，且表示式是唯一的。

性质 5　设向量组 $\beta_1, \beta_2, \cdots, \beta_l$ 线性无关，且向量组 $\beta_1, \beta_2, \cdots, \beta_l$ 中的每个向量都可由向量组 $\alpha_1, \alpha_2, \cdots, \alpha_s$ 线性表示，则 $l \leqslant s$。

由此性质直接得到下面的推论。

推论　若向量组 $\alpha_1, \alpha_2, \cdots, \alpha_s$ 及向量组 $\beta_1, \beta_2, \cdots, \beta_l$ 都是线性无关的向量组，且向量组 $\alpha_1, \alpha_2, \cdots, \alpha_s$ 中的每个向量都可由向量组 $\beta_1, \beta_2, \cdots, \beta_l$ 线性表示，同时向量组 $\beta_1, \beta_2, \cdots, \beta_l$ 中的每个向量也可由向量组 $\alpha_1, \alpha_2, \cdots, \alpha_s$ 线性表示，则 $s = l$。

3.3.3　向量组的最大线性无关组与秩

向量组 $\alpha_1, \alpha_2, \cdots, \alpha_m$ （#）的一个部分组 $\alpha_{i1}, \alpha_{i2}, \cdots, \alpha_{is}(s \leqslant m)$ （*）如果满足：向量组（*）线性无关；向量组（#）中的任意一个向量都可由向量组（*）线性表示，则称向量组（*）是向量组（#）的一个最大线性无关组，简称最大无关组，s 叫作向量组（#）的秩。

若全体 n 维向量的集合记作 R^n，则 n 维单位向量组 $\varepsilon_1, \varepsilon_2, \cdots, \varepsilon_n$ 是 R^n 的一个最大线性无关组，而且 R^n 中的任意 n 个线性无关的向量都构成它的一个最大线性无关组。

利用初等行变换求向量组的最大线性无关组和秩。

具体而言，求一向量组的最大线性无关组和秩，可以把这些向量作为矩阵的列，用初等行变换将其化为行最简阶梯形矩阵，非零行的个数就是向量组的秩，每行第一个非零元素所在列对应的原来向量组中的向量就是最大线性无关组。并且，其余向量对应的分量值为此向量由最大线性无关组线性表示的系数。

【例 3-14】求向量组 $A: \alpha_1 = \begin{pmatrix} 1 \\ 3 \\ 2 \end{pmatrix}, \alpha_2 = \begin{pmatrix} 3 \\ 2 \\ 1 \end{pmatrix}, \alpha_3 = \begin{pmatrix} -2 \\ -5 \\ 1 \end{pmatrix}, \alpha_4 = \begin{pmatrix} 4 \\ 11 \\ 3 \end{pmatrix}$ 的一个最大线性无关组，

并写出其余向量由这个最大线性无关组的线性表示。

【解答】

$$B = \begin{pmatrix} 1 & 3 & -2 & 4 \\ 3 & 2 & -5 & 11 \\ 2 & 1 & 1 & 3 \end{pmatrix} \rightarrow \begin{pmatrix} 1 & 3 & -2 & 4 \\ 0 & -7 & 1 & -1 \\ 0 & -5 & 5 & -5 \end{pmatrix}$$

$$\rightarrow \begin{pmatrix} 1 & 3 & -2 & 4 \\ 0 & -7 & 1 & -1 \\ 0 & 1 & -1 & 1 \end{pmatrix} \rightarrow \begin{pmatrix} 1 & 3 & -2 & 4 \\ 0 & 0 & -6 & 6 \\ 0 & 1 & -1 & 1 \end{pmatrix}$$

$$\rightarrow \begin{pmatrix} 1 & 3 & -2 & 4 \\ 0 & 0 & 1 & -1 \\ 0 & 1 & -1 & 1 \end{pmatrix} \rightarrow \begin{pmatrix} 1 & 3 & 0 & 2 \\ 0 & 0 & 1 & -1 \\ 0 & 1 & 0 & 0 \end{pmatrix}$$

$$\rightarrow \begin{pmatrix} 1 & 0 & 0 & 2 \\ 0 & 1 & 0 & 0 \\ 0 & 0 & 1 & -1 \end{pmatrix}$$

从而有向量组 B 的秩为 3，$\alpha_1, \alpha_2, \alpha_3$ 为其一个最大线性无关组，且 $\alpha_4 = 2\alpha_1 - \alpha_3$。

3.4 线性方程组

3.4.1 齐次线性方程组

齐次线性方程组

$$\begin{cases} a_{11}x_1 + a_{12}x_2 + \cdots + a_{1n}x_n = 0 \\ a_{21}x_1 + a_{22}x_2 + \cdots + a_{2n}x_n = 0 \\ \vdots \qquad \vdots \qquad \qquad \vdots \qquad \vdots \\ a_{m1}x_1 + a_{m2}x_2 + \cdots + a_{mn}x_n = 0 \end{cases}$$

的向量方程为

$$AX = 0$$

式中，$A = \begin{pmatrix} a_{11} & a_{12} & \cdots & a_{1n} \\ a_{21} & a_{22} & \cdots & a_{2n} \\ \vdots & \vdots & & \vdots \\ a_{m1} & a_{m2} & \cdots & a_{mn} \end{pmatrix}$; $X = \begin{pmatrix} x_1 \\ x_2 \\ \vdots \\ x_n \end{pmatrix}$。

性质 1 若 ξ_1、ξ_2 是齐次线性方程组的任意两个解，则 $X = \xi_1 + \xi_2$ 也是齐次线性方程组的解。

性质2 若 ξ 是齐次线性方程组的解，k 为实数，则 $X = k\xi$ 也是齐次线性方程组的解。

综合性质 1、2 可得：若 $\xi_1, \xi_2, \cdots, \xi_r$ 是齐次线性方程组的任意 r 个非零解，则对于实数 $k_1, k_2, \cdots, k_r$，$k_1\xi_1 + k_2\xi_2 + \cdots + k_r\xi_r$ 也是齐次线性方程组的解。这表明：若 $\xi_1, \xi_2, \cdots, \xi_r$ 是齐次线性方程组的任意 r 个非零解向量，则它们的任意线性组合 $k_1\xi_1 + k_2\xi_2 + \cdots + k_r\xi_r$ 也是齐次线性方程组的解向量。

如果齐次线性方程组有非零解，它就有无穷多个解。这无穷多个解构成一个 n 维向量组，若能求出这个向量组的一个最大线性无关组，就可以用它的线性组合来表示齐次线性方程组的全部解。

设向量组 $\xi_1, \xi_2, \cdots, \xi_r$ 是齐次线性方程组的解向量组的一个最大线性无关组，则向量组 $\xi_1, \xi_2, \cdots, \xi_r$ 称为齐次线性方程组的一个基础解系。

性质3 如果齐次线性方程组的系数矩阵 A 的秩 $R(A) = r < n$，那么齐次线性方程组的基础解系存在，基础解系中含有解向量的个数为 $n - r$。

【例 3-15】 求解方程组

$$\begin{cases} x_1 + 2x_2 + x_3 - x_4 = 0 \\ 3x_1 + 6x_2 - x_3 - 3x_4 = 0 \\ 5x_1 + 10x_2 + x_3 - 5x_4 = 0 \end{cases}$$

【解答】 对 A 进行初等行变换：

$$A = \begin{pmatrix} 1 & 2 & 1 & -1 \\ 3 & 6 & -1 & -3 \\ 5 & 10 & 1 & -5 \end{pmatrix} \rightarrow \begin{pmatrix} 1 & 2 & 1 & -1 \\ 0 & 0 & -4 & 0 \\ 0 & 0 & -4 & 0 \end{pmatrix}$$

$$\rightarrow \begin{pmatrix} 1 & 2 & 1 & -1 \\ 0 & 0 & 1 & 0 \\ 0 & 0 & 0 & 0 \end{pmatrix} \rightarrow \begin{pmatrix} 1 & 2 & 0 & -1 \\ 0 & 0 & 1 & 0 \\ 0 & 0 & 0 & 0 \end{pmatrix}$$

得同解方程组为

$$\begin{cases} x_1 + 2x_2 - x_4 = 0 \\ x_3 = 0 \end{cases}$$

即

$$\begin{cases} x_1 = -2x_2 + x_4 \\ x_3 = 0 \end{cases}$$

取 $\begin{pmatrix} x_2 \\ x_4 \end{pmatrix} = \begin{pmatrix} 1 \\ 0 \end{pmatrix}, \begin{pmatrix} 0 \\ 1 \end{pmatrix}$，代入上式得 $\begin{pmatrix} x_1 \\ x_3 \end{pmatrix} = \begin{pmatrix} -2 \\ 0 \end{pmatrix}, \begin{pmatrix} 1 \\ 0 \end{pmatrix}$。

于是有基础解系：

$$\xi_1 = \begin{pmatrix} -2 \\ 1 \\ 0 \\ 0 \end{pmatrix}, \quad \xi_2 = \begin{pmatrix} 1 \\ 0 \\ 0 \\ 1 \end{pmatrix}$$

故该方程组的通解为

$$x = k_1 \begin{pmatrix} -2 \\ 1 \\ 0 \\ 0 \end{pmatrix} + k_2 \begin{pmatrix} 1 \\ 0 \\ 0 \\ 1 \end{pmatrix}$$

k_1、k_2 为任意实数。

3.4.2 非齐次线性方程组

若非齐次线性方程组

$$\begin{cases} a_{11}x_1 + a_{12}x_2 + \cdots + a_{1n}x_n = b_1 \\ a_{21}x_1 + a_{22}x_2 + \cdots + a_{2n}x_n = b_2 \\ \vdots \qquad \vdots \qquad\qquad \vdots \qquad \vdots \\ a_{m1}x_1 + a_{m2}x_2 + \cdots + a_{mn}x_n = b_m \end{cases}$$

有解，则称该方程组是相容的；若无解，则称该方程组不相容。

非齐次线性方程组的向量方程为 $\boldsymbol{AX} = \boldsymbol{B}$ ，其中 $\boldsymbol{A} = (a_{ij})_{m \times n}$, $\boldsymbol{X} = (x_1, x_2, \cdots, x_n)^{\mathrm{T}}$, $\boldsymbol{B} = (b_1, b_2, \cdots, b_n)^{\mathrm{T}}$ ，

非齐次线性方程组的解有如下性质。

性质 1 若 ξ_1、ξ_2 是非齐次线性方程组的两个任意解，则 $\boldsymbol{X} = \xi_1 - \xi_2$ 是齐次线性方程组 $\boldsymbol{AX} = 0$ 的解。

性质 2 若 η_0 是非齐次线性方程组的一个解，ξ 是齐次线性方程组 $\boldsymbol{AX} = 0$ 的通解，则 $\eta = \xi + \eta_0$ 是非齐次线性方程组的通解。

设 $\xi_1, \xi_2, \cdots, \xi_{n-r}$ 是齐次线性方程组 $\boldsymbol{AX} = 0$ 的基础解系，则

$$\xi = k_1\xi_1 + k_2\xi_2 + \cdots + k_{n-r}\xi_{n-r} \, (k_1, k_2, \cdots, k_{n-r} \text{为任意实数})$$

从而有

$$\boldsymbol{X} = k_1\xi_1 + k_2\xi_2 + \cdots + k_{n-r}\xi_{n-r} + \eta_0$$

是非齐次线性方程组的通解，即非齐次线性方程组的通解等于非齐次线性方程组的特解 η_0 与其对应的齐次线性方程组的通解之和。

【例 3-16】 求解线性方程组 $\begin{cases} 2x_1 + x_2 - x_3 + x_4 = 1 \\ 2x_1 + x_2 - x_3 - x_4 = 1 \\ 4x_1 + 2x_2 - 2x_3 + x_4 = 2 \end{cases}$ 。

【解答】 对增广矩阵 $(\boldsymbol{A} \,|\, b)$ 进行初等行变换：

$$(\boldsymbol{A} \,|\, b) = \begin{pmatrix} 2 & 1 & -1 & 1 & 1 \\ 2 & 1 & -1 & -1 & 1 \\ 4 & 2 & -2 & 1 & 2 \end{pmatrix} \rightarrow \begin{pmatrix} 2 & 1 & -1 & 1 & 1 \\ 0 & 0 & 0 & -2 & 0 \\ 0 & 0 & 0 & -1 & 0 \end{pmatrix}$$

$$\rightarrow \begin{pmatrix} 2 & 1 & -1 & 0 & 1 \\ 0 & 0 & 0 & 1 & 0 \\ 0 & 0 & 0 & 0 & 0 \end{pmatrix}$$

因 $R(A\,|\,b) = R(A)$，故方程组有解，并得同解方程组为

$$\begin{cases} 2x_1 + x_2 - x_3 = 1 \\ x_4 = 0 \end{cases}$$

$$\begin{cases} x_2 = 1 - 2x_1 + x_3 \\ x_4 = 0 \end{cases}$$

此方程组与原方程组同解。

从而有 $x = \begin{pmatrix} x_1 \\ x_2 \\ x_3 \\ x_4 \end{pmatrix} = \begin{pmatrix} x_1 \\ 1-2x_1+x_3 \\ x_3 \\ 0 \end{pmatrix} = \begin{pmatrix} 0 \\ 1 \\ 0 \\ 0 \end{pmatrix} + x_1 \begin{pmatrix} 1 \\ -2 \\ 0 \\ 0 \end{pmatrix} + x_3 \begin{pmatrix} 0 \\ 1 \\ 1 \\ 0 \end{pmatrix} = \begin{pmatrix} 0 \\ 1 \\ 0 \\ 0 \end{pmatrix} + k_1 \begin{pmatrix} 1 \\ -2 \\ 0 \\ 0 \end{pmatrix} + k_2 \begin{pmatrix} 0 \\ 1 \\ 1 \\ 0 \end{pmatrix}$。

所以方程组的通解为

$$x = k_1 \begin{pmatrix} 1 \\ -2 \\ 0 \\ 0 \end{pmatrix} + k_2 \begin{pmatrix} 0 \\ 1 \\ 1 \\ 0 \end{pmatrix} + \begin{pmatrix} 0 \\ 1 \\ 0 \\ 0 \end{pmatrix}$$

k_1、k_2 为任意实数。

3.5 矩阵对角化

3.5.1 特征值与特征向量

在人工智能许多领域如振动问题和稳定性等问题中，常可归结为求一个矩阵的特征值与特征向量问题。在诸如方阵的对角化及解微分方程组等问题中，也要用到特征值的理论。

1. 特征值与特征向量的概念

设 A 为 n 阶方阵，λ 是一个常数，如果

$$Ax = \lambda x$$

存在非零解向量，则称 λ 为方阵 A 的一个特征值；非零向量 x 称为方阵 A 的对应特征值 λ 的特征向量。

定义中的 $Ax = \lambda x$ 又可以写为

$$(\lambda E - A)x = 0$$

这是一个 n 元齐次线性方程组，此方程组存在非零解的充要条件是 $|\lambda E - A| = 0$。

$|\lambda E - A| = 0$ 是一个关于 λ 的 n 次多项式方程，又称为 A 的特征多项式方程。

2. 特征值与特征向量的求法

由定义得到，求特征值与特征向量的步骤如下。

（1）求出方程 $|\lambda E - A| = 0$ 的根，即 A 的特征值。

（2）求齐次线性方程组 $(\lambda E - A)x = 0$ 的非零解 x 为特征向量，一般只要求得该方程组的基础解系，即可求得所有特征向量。

【例 3-17】求矩阵 $A = \begin{pmatrix} -1 & 1 & 0 \\ -4 & 3 & 0 \\ 1 & 0 & 2 \end{pmatrix}$ 的特征值与特征向量。

【解答】特征方程为

$$|\lambda E - A| = \begin{vmatrix} \lambda+1 & -1 & 0 \\ 4 & \lambda-3 & 0 \\ -1 & 0 & \lambda-2 \end{vmatrix} = 0$$

化简得 $(\lambda-2)(\lambda-1)^2 = 0$，特征根为 $\lambda_1 = 2$，$\lambda_2 = \lambda_3 = 1$。

当 $\lambda = 2$ 时，对应的齐次线性方程组为 $\begin{cases} 3x_1 - x_2 = 0 \\ 4x_1 - x_2 = 0 \\ -x_1 = 0 \end{cases}$，其基础解系为 $\begin{pmatrix} 0 \\ 0 \\ 1 \end{pmatrix}$，对应的全部

特征向量为 $k\begin{pmatrix} 0 \\ 0 \\ 1 \end{pmatrix}$（$k$ 为不为零的任意实数）。

当 $\lambda = 1$ 时，对应的齐次线性方程组为 $\begin{cases} 2x_1 - x_2 = 0 \\ 2x_1 - x_2 = 0 \\ -x_1 - x_3 = 0 \end{cases}$，其基础解系为 $\begin{pmatrix} 1 \\ 2 \\ -1 \end{pmatrix}$，对应的全部

特征向量为 $k\begin{pmatrix} 1 \\ 2 \\ -1 \end{pmatrix}$（$k$ 为不为零的任意实数）。

【程序代码】

```python
import numpy as np
A = np.array([[-1,1,0],[-4,3,0],[1,0,2]])
print('打印 A: \n{}'.format(A))
a, b = np.linalg.eig(A)
print('特征值 a: \n{}'.format(a))
print('特征向量 b: \n{}'.format(b))
```

【运行结果】

```
打印 A:
[[-1  1  0]
 [-4  3  0]
 [ 1  0  2]]
特征值 a:
[2 1 1]
特征向量 b:
```

```
[[ 0          0.40824829   0.40824829]
 [ 0          0.81649658   0.81649658]
 [ 1         -0.40824829  -0.40824829]]
```

注意：特征向量不能由特征值唯一确定。

a, b = np.linalg.eig(A)：返回矩阵 A 的特征值与特征向量。

3.5.2 相似矩阵

设 A、B 都是 n 阶方阵，若有可逆方阵 P，使得

$$P^{-1}AP = B$$

则称 B 是 A 的相似矩阵，或者说矩阵 A 与 B 相似。可逆矩阵 P 称为把 A 变成 B 的相似变换矩阵。

若 n 阶方阵 A 与 B 相似，则 A 与 B 的特征多项式相同，A 与 B 的特征值也相同。

推论 若 n 阶方阵 A 与对角矩阵

$$\Lambda = \begin{pmatrix} \lambda_1 & & & \\ & \lambda_2 & & \\ & & \ddots & \\ & & & \lambda_n \end{pmatrix}$$

相似，则 $\lambda_1, \lambda_2, \cdots, \lambda_n$ 是 A 的 n 个特征值。

3.5.3 矩阵对角化

对于 n 阶方阵 A，若存在变换矩阵 P，使得 $P^{-1}AP = \Lambda$，则称为把方阵 A 对角化。

假设已经找到可逆矩阵 P，使得 $P^{-1}AP = \Lambda$，讨论 P 应满足什么关系。

把 P 用其列向量表示为

$$P = (P_1, P_2, \cdots, P_n)$$

由 $P^{-1}AP = \Lambda$ 得 $AP = P\Lambda$，即

$$A(P_1, P_2, \cdots, P_n) = (P_1, P_2, \cdots, P_n)\Lambda = (\lambda_1 P_1, \lambda_2 P_2, \cdots, \lambda_n P_n)$$

于是有

$$AP_i = \lambda_i P_i \ (i = 1, 2, \cdots, n)$$

可见 λ_i 是 A 的特征值，而 P 的列向量 P_i 就是 A 的特征值 λ_i 对应的特征向量。

由此可得将矩阵对角化的一般步骤。

（1）求 A 的特征方程 $|\lambda E - A|$ 的所有解，即特征根。

（2）求出特征根对应的特征向量。

（3）以特征向量为列向量构成矩阵 P，即可得到 $P^{-1}AP = \Lambda$，此时 Λ 为特征值作为对角元素的对角矩阵。

【例 3-18】已知 $A = \begin{pmatrix} 1 & 4 & -2 \\ 0 & -1 & 0 \\ 1 & 2 & -2 \end{pmatrix}$，求可逆矩阵 P，化 A 为对角矩阵。

【解答】　先求 A 的特征多项式、特征根。A 的特征多项式为

$$|\lambda E - A| = \begin{vmatrix} \lambda - 1 & -4 & 2 \\ 0 & \lambda + 1 & 0 \\ -1 & -2 & \lambda + 2 \end{vmatrix} = (\lambda + 1)(\lambda^2 + \lambda)$$

于是 A 的特征根为 -1（二重）、0。

当 $\lambda = -1$ 时，解齐次线性方程组 $(-E - A)x = 0$，$\begin{pmatrix} -2 & -4 & 2 \\ 0 & 0 & 0 \\ -1 & -2 & 1 \end{pmatrix} \rightarrow \begin{pmatrix} 1 & 2 & -1 \\ 0 & 0 & 0 \\ 0 & 0 & 0 \end{pmatrix}$，得到特

征向量 $\alpha_1 = (-2, 1, 0)^T$，$\alpha_2 = (1, 0, 1)^T$。

当 $\lambda = 0$ 时，解齐次线性方程组 $Ax = 0$，$\begin{pmatrix} 1 & 4 & -2 \\ 0 & -1 & 0 \\ 1 & 2 & -2 \end{pmatrix} \rightarrow \begin{pmatrix} 1 & 4 & -2 \\ 0 & 1 & 0 \\ 0 & 0 & 0 \end{pmatrix}$，得到特征向量

$\alpha_3 = (2, 0, 1)^T$。

令 $P = (\alpha_1, \alpha_2, \alpha_3) = \begin{pmatrix} -2 & 1 & 2 \\ 1 & 0 & 0 \\ 0 & 1 & 1 \end{pmatrix}$，则 $P^{-1}AP = \Lambda = \begin{pmatrix} -1 & & \\ & -1 & \\ & & 0 \end{pmatrix}$。

3.6　二次型

矩阵的变形与分解在人工智能领域有着广泛的应用，其中常见有矩阵的三角分解、特征提取、矩阵的对角化等，这些运算以矩阵的等价、矩阵的合同、矩阵的相似为基础。通过研究二次型的性质，利用正（负）定矩阵判断多元函数的极值，证明不等式，由矩阵的特征值求多元函数的最值，借助非退化线性替换进行多项式因式分解和判断二次曲线的形状，这些充分体现了二次型在人工智能算法中有着极其重要的应用。

3.6.1　二次型概念

称含有 n 个变量的二次齐次多项式 $f(x_1, x_2, x_3, \cdots, x_n) = a_{11}x_1^2 + a_{22}x_2^2 + \cdots + a_{nn}x_n^2 + 2a_{12}x_1x_2 + 2a_{13}x_1x_3 + \cdots + 2a_{n-1,n}x_{n-1}x_n$ 为二次型。

当 $a_{ji} = a_{ij}$ 时，有

$$2a_{ij}x_ix_j = a_{ij}x_ix_j + a_{ji}x_ix_j$$

于是 $f(x_1, x_2, x_3, \cdots, x_n)$ 可写成

$$\begin{aligned} f = \,& a_{11}x_1^2 + a_{12}x_1x_2 + \cdots + a_{1n}x_1x_n \\ & + a_{21}x_2x_1 + a_{22}x_2^2 \cdots + a_{2n}x_2x_n \\ & + \cdots + a_{n1}x_nx_1 + a_{n2}x_nx_2 + \cdots \\ & + a_{nn}x_n^2 \end{aligned}$$

$$= \sum_{i,j=1}^{n} a_{ij} x_i x_j \qquad (a_{ij} = a_{ji})$$

记 $A = \begin{pmatrix} a_{11} & a_{12} & \cdots & a_{1n} \\ a_{21} & a_{22} & \cdots & a_{2n} \\ \vdots & \vdots & & \vdots \\ a_{n1} & a_{n2} & \cdots & a_{nn} \end{pmatrix}$, $X = \begin{pmatrix} x_1 \\ x_2 \\ \vdots \\ x_n \end{pmatrix}$。这里 $a_{ij} = a_{ji}$，即 A 是对称矩阵，那么二次型 $f(x_1, x_2, x_3, \cdots, x_n)$ 可记为

$$f = X'AX$$

因此任意给一个二次型，就可唯一地确定一个对称矩阵；反之，任意给一个对称矩阵，也可唯一地确定一个二次型，于是二次型与对称矩阵之间就确定了一一对应关系。把对称矩阵 A 叫作二次型 $f(x_1, x_2, x_3, \cdots, x_n)$ 的矩阵，也把 $f(x_1, x_2, x_3, \cdots, x_n)$ 叫作对称矩阵 A 的二次型，对称矩阵 A 的秩就叫作二次型 $f(x_1, x_2, x_3, \cdots, x_n)$ 的秩。

在解析几何中，为了确定二次方程

$$ax^2 + 2bxy + cy^2 = d$$

所表示的曲线性质，通常利用转轴公式

$$\begin{cases} x = x'\cos\theta - y'\sin\theta \\ y = x'\sin\theta + y'\cos\theta \end{cases}$$

选择适当的 θ，可使原方程化为

$$a'x'^2 + b'y'^2 = d'$$

从而得到原方程表示何种二次曲线。

一般地，对二次型 $f(x_1, x_2, x_3, \cdots, x_n)$，能否通过 $y_1, y_2, \cdots, y_n$ 到 $x_1, x_2, x_3, \cdots, x_n$ 的线性变换

$$\begin{cases} x_1 = C_{11}y_1 + C_{12}y_2 + \cdots + C_{1n}y_n \\ x_2 = C_{21}y_1 + C_{22}y_2 + \cdots + C_{2n}y_n \\ \vdots \qquad \vdots \qquad \vdots \qquad \vdots \\ x_n = C_{n1}y_1 + C_{n2}y_2 + \cdots + C_{nn}y_n \end{cases}$$

将原二次型变为只含平方项：

$$f = k_1 y_1^2 + k_2 y_2^2 + \cdots + k_n y_n^2$$

这种只含平方项的二次型，称为二次型的标准型。

使用矩阵记号：

$$C = \begin{pmatrix} C_{11} & C_{12} & \cdots & C_{1n} \\ C_{21} & C_{22} & \cdots & C_{2n} \\ \vdots & \vdots & & \vdots \\ C_{n1} & C_{n2} & \cdots & C_{nn} \end{pmatrix}, \quad X = \begin{pmatrix} x_1 \\ x_2 \\ \vdots \\ x_n \end{pmatrix}, \quad Y = \begin{pmatrix} y_1 \\ y_2 \\ \vdots \\ y_n \end{pmatrix}$$

线性变换可记为

$$X = CY$$

设 n 阶矩阵 A、B，如果有可逆矩阵 C，使得

$$B = C'AC$$

那么称矩阵 A 与 B 合同。

显然，一个变量为 $x_1,x_2,\cdots,x_n$ 的二次型 $f = X'AX$，经过可逆线性变换 $X=CY$，化为变量 $y_1,y_2,\cdots,y_n$ 的二次型：

$$f = Y'BY$$
$$f = (CY)'A(CY) = Y'(C'AC)Y = Y'BY$$

故 $B = C'AC$。从而有，二次型 $X'AX$ 经可逆线性变换 $X=CY$ 化为二次型 $Y'BY$，等价于 A 与 B 合同，即 $B = C'AC$。

对于矩阵 C，若 $CC^T = E$，则称 C 为正交矩阵。

对于正交矩阵 C，有 $C^T = C^{-1}$，即正交矩阵的逆等于其转置。

3.6.2　用正交变换化实二次型为标准型

任意给一实二次型 $f = \sum_{i,j=1}^{n} a_{ij}x_ix_j\ (a_{ij}=a_{ji})$，一定存在正交变换 $X=CY$，使 f 化为标准型 $f = \lambda_1 y_1^2 + \lambda_2 y_2^2 + \cdots + \lambda_n y_n^2$。其中，$\lambda_1,\lambda_2,\cdots,\lambda_n$ 是 f 的矩阵 $A=(a_{ij})$ 的特征值。

将一实二次型 $f = \sum_{i,j=1}^{n} a_{ij}x_ix_j\ (a_{ij}=a_{ji})$ 转化为标准型的一般步骤如下。

（1）写出 f 的矩阵 $A=(a_{ij})$ $(a_{ij}=a_{ji})$。

（2）求 A 的特征值及对应的特征向量。

（3）对重根对应的特征向量进行 Schmidt 正交化（不同特征值对应的特征向量已正交）。

（4）全体特征向量单位化，得 $p_1^0,p_2^0,\cdots,p_n^0$。

（5）将正交单位特征向量合并成正交矩阵，令 $C = (p_1^0,p_2^0,\cdots,p_n^0)$。

（6）令 $X=CY$，即可得 $X^TAX = \lambda_1 y_1^2 + \lambda_2 y_2^2 + \cdots + \lambda_n y_n^2$。其中，$\lambda_1,\lambda_2,\cdots,\lambda_n$ 为对称矩阵 A 的特征根。

【例 3-19】将实二次型 $f(x_1,x_2,x_3) = 6x_1x_2 - 8x_2x_3$ 化为标准型。

【解答】实二次型 f 的矩阵为

$$A = \begin{pmatrix} 0 & 3 & 0 \\ 3 & 0 & -4 \\ 0 & -4 & 0 \end{pmatrix}$$

由

$$|A - \lambda E| = \begin{vmatrix} \lambda & -3 & 0 \\ -3 & \lambda & 4 \\ 0 & 4 & \lambda \end{vmatrix} = \lambda(\lambda-5)(\lambda+5)$$

得 A 的特征值为

$$\lambda_1 = 5,\ \lambda_2 = -5,\ \lambda_3 = 0$$

所以实二次型 f 的一个标准型为

$$5y_1^2 - 5y_2^2$$

【例 3-20】用正交变换化实二次型
$$f(x_1,x_2,x_3)=x_1^2+5x_2^2+5x_3^2+2x_1x_2-4x_1x_3$$
为标准型，并求出所用的正交变换。

【解答】二次型 f 的矩阵为
$$A=\begin{pmatrix}1 & 1 & -2\\ 1 & 5 & 0\\ -2 & 0 & 5\end{pmatrix}$$

由
$$|\lambda E-A|=\begin{vmatrix}\lambda-1 & -1 & 2\\ -1 & \lambda-5 & 0\\ 2 & 0 & \lambda-5\end{vmatrix}=\lambda(\lambda-5)(\lambda-6)$$

得 A 的特征值为
$$\lambda_1=0,\ \lambda_2=5,\ \lambda_3=6$$
求出 A 对应特征值 $\lambda_1=0$ 的特征向量为
$$\xi_1=(5,-1,2)^T$$

单位化得
$$p_1=\frac{1}{\sqrt{30}}(5,-1,2)^T$$

同样可求出 A 对应特征值 $\lambda_2=5,\ \lambda_3=6$ 的单位正交特征向量分别为
$$p_2=\frac{1}{\sqrt{5}}(0,2,1)^T,\quad p_3=\frac{1}{\sqrt{6}}(1,1,-2)^T$$

令 $C=(p_1,p_2,p_3)=\begin{pmatrix}\frac{5}{\sqrt{30}} & 0 & \frac{1}{\sqrt{6}}\\ -\frac{1}{\sqrt{30}} & \frac{2}{\sqrt{5}} & \frac{1}{\sqrt{6}}\\ \frac{2}{\sqrt{30}} & \frac{1}{\sqrt{5}} & -\frac{2}{\sqrt{6}}\end{pmatrix}$，则 C 为正交矩阵，通过正交变换 $X=CY$ 便

可将二次型 f 化成标准型：
$$5y_2^2+6y_3^2$$

3.6.3　正定二次型

若对于不全为零的任何实数 $x_1,x_2,x_3,\cdots,x_n$，二次齐次多项式 $f(x_1,x_2,x_3,\cdots,x_n)=a_{11}x_1^2+a_{22}x_2^2+\cdots+a_{nn}x_n^2+2a_{12}x_1x_2+2a_{13}x_1x_3+\cdots+2a_{n-1,n}x_{n-1}x_n$ 的值都是正数，则称此二次型是正定的，而其对应的矩阵称为正定矩阵。

判定一个二次型是否是正定的，主要有以下几种方法。

（1）二次型矩阵 A 的特征值都是正数。

（2）二次型矩阵 A 的各阶顺序主子式都大于零。

【例 3-21】判定二次型 $f(x_1,x_2,x_3) = 5x_1^2 + x_2^2 + 5x_3^2 + 4x_1x_2 - 8x_1x_3 - 4x_2x_3$ 是否正定。

【解答】二次型矩阵为

$$A = \begin{pmatrix} 5 & 2 & -4 \\ 2 & 1 & -2 \\ -4 & -2 & 5 \end{pmatrix}$$

其各阶顺序主子式为

$$|5| > 0$$

$$\begin{vmatrix} 5 & 2 \\ 2 & 1 \end{vmatrix} = 1 > 0$$

$$\begin{vmatrix} 5 & 2 & -4 \\ 2 & 1 & -2 \\ -4 & -2 & 5 \end{vmatrix} = 1 > 0$$

所以该二次型是正定的。

【程序代码】

```
import numpy as np
A=np.array([[5,2,-4],[2,1,-2],[-4,-2,5]])
B=np.linalg.eigvals(A)        #求 A 的特征根
print(A)
print(B)
if np.all(B>0):
    print('是正定矩阵')
else:
    print('不是正定矩阵')
```

【运行结果】

```
[[ 5  2 -4]
 [ 2  1 -2]
 [-4 -2  5]]
[9.89897949 1         0.10102051]
是正定矩阵
```

实验 3　矩阵相乘

1. 实验目的

（1）掌握使用 numpy 库实现矩阵相乘的方法。

（2）掌握使用基础编程实现矩阵相乘的方法。

2. 实现要求

（1）了解矩阵相乘的基本原理。

（2）用两种方法实现矩阵相乘。

3. 实验步骤

（1）计算 $\begin{pmatrix} 4 & -1 & 2 & 1 \\ 1 & 1 & 0 & 3 \\ 0 & 3 & 1 & 4 \end{pmatrix} \begin{pmatrix} 1 & 2 \\ 0 & 1 \\ 3 & 0 \\ -1 & 2 \end{pmatrix}$ 。

【解答】

$$\begin{pmatrix} 4 & -1 & 2 & 1 \\ 1 & 1 & 0 & 3 \\ 0 & 3 & 1 & 4 \end{pmatrix} \begin{pmatrix} 1 & 2 \\ 0 & 1 \\ 3 & 0 \\ -1 & 2 \end{pmatrix}$$

$$= \begin{pmatrix} 4\times1+(-1)\times0+2\times3+1\times(-1) & 4\times2+(-1)\times1+2\times0+1\times2 \\ 1\times1+1\times0+0\times3+3\times(-1) & 1\times2+1\times1+0\times0+3\times2 \\ 0\times1+3\times0+1\times3+4\times(-1) & 0\times2+3\times1+1\times0+4\times2 \end{pmatrix}$$

$$= \begin{pmatrix} 9 & 9 \\ -2 & 9 \\ -1 & 11 \end{pmatrix}$$

（2）调用运算符"*"实现矩阵相乘。

【程序代码】

```
import numpy as np
a1=np.mat([[4,-1,2,1],[1,1,0,3],[0,3,1,4]])
a2=np.mat([[1,2],[0,1],[3,0],[-1,2]])
b1=a1*a2
print(b1)
```

【运行结果】

```
[[ 9  9]
 [-2  9]
 [-1 11]]
```

（3）调用 dot() 方法实现矩阵相乘。

【程序代码】

```
import numpy as np
a1=np.mat([[4,-1,2,1],[1,1,0,3],[0,3,1,4]])
a2=np.mat([[1,2],[0,1],[3,0],[-1,2]])
b2=np.dot(a1,a2)
```

```
print(b2)
```

【运行结果】

```
[[ 9  9]
 [-2  9]
 [-1 11]]
```

（4）利用基础编程实现矩阵相乘。

【程序代码】

```
a1=[[4,-1,2,1],[1,1,0,3],[0,3,1,4]]
a2=[[1,2],[0,1],[3,0],[-1,2]]
b3=[[0,0],[0,0],[0,0]]
for i in range(3):
    for j in range(2):
        for k in range(4):
            b3[i][j]=b3[i][j]+a1[i][k]*a2[k][j]
print(b3)
```

【运行结果】

```
[[9, 9], [-2, 9], [-1, 11]]
```

练习 3

1. 求行列式 $\begin{vmatrix} 3 & 0 & 2 & 1 \\ 2 & 1 & 4 & 2 \\ 1 & 5 & 4 & 2 \\ 1 & -1 & 0 & 3 \end{vmatrix}$。

2. 已知矩阵 $A = \begin{pmatrix} 1 & 3 & -2 \\ 0 & -1 & 4 \end{pmatrix}$，$B = \begin{pmatrix} 1 & -1 & 7 \\ 4 & 3 & 0 \\ 2 & 1 & 2 \end{pmatrix}$，求 $(AB)^{\mathrm{T}}$。

3. 设 $A = \begin{pmatrix} 1 & 2 & 3 \\ 2 & 2 & 1 \\ 3 & 4 & 3 \end{pmatrix}$，求 A^{-1}。

4. 求解线性方程组 $\begin{cases} x_1 + x_2 + x_3 = 5 \\ 2x_1 + x_2 - x_3 + x_4 = 1 \\ x_1 + 2x_2 - x_3 + x_4 = 2 \\ x_2 + 2x_3 + 3x_4 = 3 \end{cases}$。

5. 求矩阵 $A = \begin{pmatrix} 1 & 3 & -2 & 2 \\ 0 & 2 & -1 & 3 \\ -2 & 0 & 1 & 5 \\ 2 & 4 & 0 & 1 \end{pmatrix}$ 的秩。

6. 求矩阵 $A = \begin{pmatrix} 1 & 2 & 2 \\ 2 & 1 & 2 \\ 2 & 2 & 1 \end{pmatrix}$ 的特征值与特征向量。

练习3 参考答案

第4章　概率论与数理统计

随着现在科学领域中的计算数据量越来越大，对于这些数据处理的算法也越来越受到人们的重点研究，恰巧在人工智能数据处理领域中，一些有关数据处理的算法表现得十分出色。概率论作为数学的学科领域之一，其通过现有条件对随机事件进行一定程度上的分析和概率预测，能够保证其输出往往是在当前条件下准确率和发生概率最大的事件。例如，在图像识别领域，传统的算法很难识别出图像中的物体，随着人工智能的出现，一些传统的算法进行了改进和修正，同时，将数学建模融入图像识别中，表现最好的就是卷积神经网络算法，其具有识别准确率高、处理数据速度快等优点，其输出结果以一定的概率形式表现出来。

概率论与数理统计在人工智能领域中的应用已渗透到各个方面，从偏差、方差分析到计算概率以实现预测，从随机初始化以加快训练速度到正则化、归一化数据处理等方面无不渗透了概率论与数理统计的思想、原理及算法。

4.1　统计初步

4.1.1　阶乘、排列、组合

1. 阶乘

n 的阶乘为 $n! = 1 \times 2 \times \cdots \times n$。

Python 阶乘函数在 math 模块中。

```
import math
print(math.factorial(3))
```

同时，numpy 库中也有阶乘函数。

```
import numpy
print(numpy.math.factorial(3))
```

结果输出均为6。

2. 排列

在含有 n 个元素的集合中任意取出 r 个元素进行排列，所得可能排列数记作

$$A_n^r = n(n-1)\cdots(n-r+1)$$

3. 组合

从 n 个元素中任意取出 r 个元素而不考虑顺序，叫作组合，其总数为

$$C_n^r = \frac{A_n^r}{r!} = \frac{n(n-1)\cdots(n-r+1)}{r!} = \frac{n!}{r!(n-r)!}$$

Python 排列组合全放置在 itertools 包中。

（1）permutations 排列 　　（不放回抽样排列）。

（2）combinations 组合，没有重复 　　（不放回抽样组合）。

（3）combinations_with_replacement 组合，有重复 　　（有放回抽样组合）。

【例 4-1】排列组合的实现。

【程序代码】

```
import itertools
print("任取 1 个组合: ")
for i, val in enumerate(list(itertools.combinations('ABCD', 1))):
    print("序号: %s    值: %s" % (i + 1, ''.join(val)))
print("任取 2 个组合: ")
for i, val in enumerate(list(itertools.combinations('ABCD', 2))):
    print("序号: %s    值: %s" % (i + 1, ''.join(val)))
print("任取 3 个组合: ")
for i, val in enumerate(list(itertools.combinations('ABCD', 3))):
    print("序号: %s    值: %s" % (i + 1, ''.join(val)))
print("任取 4 个组合: ")
for i, val in enumerate(list(itertools.combinations('ABCD', 4))):
    print("序号: %s    值: %s" % (i + 1, ''.join(val)))
print("任取 2 个排列: ")
for i, val in enumerate(list(itertools.permutations('ABCD', 2))):
    print("序号: %s    值: %s" % (i + 1, ''.join(val)))
```

【运行结果】

```
任取 1 个组合:
序号: 1    值: A
序号: 2    值: B
序号: 3    值: C
序号: 4    值: D
任取 2 个组合:
序号: 1    值: AB
序号: 2    值: AC
序号: 3    值: AD
序号: 4    值: BC
序号: 5    值: BD
序号: 6    值: CD
```

任取 3 个组合：
序号：1　　值：ABC
序号：2　　值：ABD
序号：3　　值：ACD
序号：4　　值：BCD
任取 4 个组合：
序号：1　　值：ABCD
任取 2 个排列：
序号：1　　值：AB
序号：2　　值：AC
序号：3　　值：AD
序号：4　　值：BA
序号：5　　值：BC
序号：6　　值：BD
序号：7　　值：CA
序号：8　　值：CB
序号：9　　值：CD
序号：10　值：DA
序号：11　值：DB
序号：12　值：DC

4. 排序

【例 4-2】求组合数及排列数。

可利用 scipy.special 模块中的 comb()和 perm()函数求出组合数及排列数。

【程序代码】

```
from scipy.special import *
print(comb(5,2))   #5 个中取 2 个的组合数
print(perm(5,2))   #5 个中取 2 个的排列数
```

【运行结果】

```
10.0
20.0
```

4.1.2　加法原理与乘法原理

1. 加法原理

若进行 I 过程有 k_1 种方法，进行 II 过程有 k_2 种方法，假定 I 过程和 II 过程是并行的，则进行 I 过程或 II 过程的方法共有 $k_1 + k_2$ 种。

例如，从甲地到乙地有 2 条公路，3 条小路，则从甲地到乙地共有 5 种不同的走法。

2. 乘法原理

若进行 I 过程有 k_1 种方法，进行 II 过程有 k_2 种方法，则进行 I 过程后进行 II 过程的方

法共有 $k_1 \times k_2$ 种。

例如，从甲地到乙地有 2 种走法，从乙地到丙地有 3 种走法，则从甲地到丙地共有 2×3=6 种不同的走法。

上述两个原理可以推广到多个过程的情形。

4.1.3 常用排序方法

numpy 提供了多种排序的方法。这些排序方法可以实现不同的排序算法：quicksort（快速排序）、mergesort（归并排序）、heapsort（堆排序），排序算法的特征在于执行速度、最坏情况性能、所需的工作空间和算法的稳定性。

（1）最基本的排序方法是 numpy.sort()。

numpy.sort() 函数用于返回输入数组的排序副本，其格式如下。

```
numpy.sort(a, axis, kind, order)
```

各参数说明如下。

a：要排序的数组；

axis：沿着它排序数组的轴，如果没有数组会被展开，则沿着最后的轴排序，axis=0 按列排序，axis=1 按行排序；

kind：默认为 quicksort（快速排序）；

order：若数组包含字段，则为要排序的字段。

（2）numpy.argsort()。

numpy.argsort()函数用于返回数组值从小到大的索引值。

（3）numpy.lexsort()。

numpy.lexsort()函数用于对多个序列进行排序。把它想象成对电子表格进行排序，每列代表一个序列，排序时优先照顾靠后的列。

（4）numpy.where()。

numpy.where() 函数用于返回输入数组中满足给定条件的元素的索引。

（5）numpy.extract()。

numpy.extract()函数根据某个条件从数组中抽取元素，返回满足条件的元素。

【例 4-3】排序。

【程序代码】

```
import numpy as np
a = np.array([[3,7,8,3],[9,1,2,37]])
print ('数组是：')
print (a)
print ('调用 sort() 函数：')
print (np.sort(a))
print ('按列排序：')
print (np.sort(a, axis =  0))
# 在 sort() 函数中排序字段
```

```
dt=np.dtype([[('name', 'S10'),('age', int)])
a=np.array([("yhw",21),("yl",25),("wm",17),("ysb",27)],dtype=dt)
print('数组是：')
print(a)
print('按 name 排序：')
print(np.sort(a, order = 'name'))
```

【运行结果】

```
数组是：
[[ 3  7  8  3]
 [ 9  1  2 37]]
调用 sort() 函数：
[[ 3  3  7  8]
 [ 1  2  9 37]]
按列排序：
[[ 3  1  2  3]
 [ 9  7  8 37]]
数组是
[(b'yhw', 21) (b'yl', 25) (b'wm', 17) (b'ysb', 27)]
按 name 排序：
[(b'wm', 17) (b'yhw', 21) (b'yl', 25) (b'ysb', 27)]
```

【例 4-4】条件选择。

【程序代码】

```
import numpy as np
x = np.array([[2,4,5],[6,7,4],[7,3,9]])
print (x)
print ( '大于 5 的元素的索引：')
y = np.where(x>5)
print (y)
print ('使用这些索引来获取满足条件的元素：')
print (x[y])
# 定义条件，选择偶数元素
condition = np.mod(x,2) == 0
print ('按元素的条件值：')
print (condition)
print ('使用条件提取元素：')
print (np.extract(condition, x))
```

【运行结果】

```
[[2 4 5]
 [6 7 4]
 [7 3 9]]
大于 5 的元素的索引：
```

```
(array([1, 1, 2, 2], dtype=int64), array([0, 1, 0, 2], dtype=int64))
使用这些索引来获取满足条件的元素：
[6 7 7 9]
按元素的条件值：
[[ True  True False]
 [ True False  True]
 [False False False]]
使用条件提取元素：
[2 4 6 4]
```

4.1.4 常用统计方法

scipy 包的 stats 模块提供了很多统计方法，用于计算数组的最值、百分位数、标准差和方差等。

（1）数组的最值。

numpy.min() 函数用于计算数组中的元素的最小值；

numpy.max() 函数用于计算数组中的元素的最大值；

numpy.amin() 函数用于计算数组中的元素沿指定轴的最小值；

numpy.amax() 函数用于计算数组中的元素沿指定轴的最大值。

（2）极差。

numpy.ptp() 函数用于计算数组中的元素最大值与最小值的差（最大值-最小值）。

（3）百分位数。

百分位数是统计中使用的度量，表示小于这个值的观察值的百分比。

```
numpy.percentile(a, q, axis)
```

各参数说明如下。

a：输入数组；

q：要计算的百分位数，在 0～100 之间；

axis：沿着它计算百分位数的轴。

第 p 个百分位数是这样一个值，它使得至少有 p% 的数据项小于或等于这个值，且至少有 $(100-p)$% 的数据项大于或等于这个值。

（4）中位数。

numpy.median() 函数用于计算数组中的元素的中位数（中值）。

（5）算术平均值。

numpy.mean() 函数返回数组中元素的算术平均值。若提供了轴，则沿其计算。

算术平均值是沿轴的元素的总和除以元素的数量。

（6）加权平均值。

numpy.average() 函数根据在另一个数组中给出的各自的权重计算数组中元素的加权平均值，该函数可以接受一个轴参数。若没有指定轴，则数组会被展开。

加权平均值即将各数值乘以相应的权数，加总求和得到总体值，除以总的单位数。

（7）标准差：

$$\sigma = \sqrt{\dfrac{\sum\limits_{i=1}^{k}(M_i - \overline{X})^2 F_i}{\sum\limits_{i=1}^{k} F_i}}$$

标准差是一组数据平均值分散程度的一种度量，是方差的算术平方根，其公式如下。

```
std = sqrt(mean((x - x.mean())**2))
```

（8）方差：

$$\sigma^2 = \dfrac{\sum\limits_{i=1}^{k}(M_i - \overline{X})^2 F_i}{\sum\limits_{i=1}^{k} F_i}$$

统计中的方差（样本方差）是每个样本值与全体样本值的平均数之差的平方值的平均数，即 mean((x − x.mean())** 2)。标准差是方差的平方根。

（9）协方差。

协方差用于衡量两个变量的总体误差，即

$$\mathrm{cov}(X,Y) = \dfrac{\sum\limits_{i=1}^{n}(X_i - \overline{X})(Y_i - \overline{Y})}{n-1}$$

cov()函数用于计算协方差。

（10）相关系数。

相关系数是表示变量之间线性相关程度的量，即

$$r = \dfrac{\sum\limits_{i=1}^{n}(X_i - \overline{X})(Y_i - \overline{Y})}{\sqrt{\sum\limits_{i=1}^{n}(X_i - \overline{X})^2 \sum\limits_{i=1}^{n}(Y_i - \overline{Y})^2}}$$

corrcoef()函数用于计算相关系数。

（11）众数。

众数表示一组数据中出现次数最多的数，有时在一组数据中有多个众数。

mode()函数用于计算众数。

【例 4-5】杨老师每月的工资收入如表 4-1 所示，计算其众数、中位数，并用图形显示其工资分布。

表 4-1　杨老师每月的工资收入　　　　　　　　　　　　　　　　　　单位：元

一月	二月	三月	四月	五月	六月	七月	八月	九月	十月	十一月	十二月
3850	3950	4050	3880	3755	3710	3890	4130	3940	4225	3920	3880

【程序代码】

```
from scipy import stats as sts
import numpy as np
```

```
import matplotlib.pyplot as plt
data=[3850,3950,4050,3880,3755,3710,3890,4130,3940,4225,3920,3880]
month = ['一月', '二月','三月', '四月', '五月','六月','七月','八月','九月','十
月','十一月','十二月']
print('众数为: ',sts.mode(data))
print('中位数为: ',np.median(data))
plt.rcParams["font.sans-serif"]=["SimHei"] #设置字体
plt.rcParams["axes.unicode_minus"]=False #解决图像中的"-"的乱码问题
plt.plot(month,data)
plt.title("杨老师的工资")
plt.show()
```

【运行结果】

```
众数为: ModeResult(mode=array([3880]), count=array([2]))
中位数为: 3905.0
```

运行结果如图 4-1 所示。

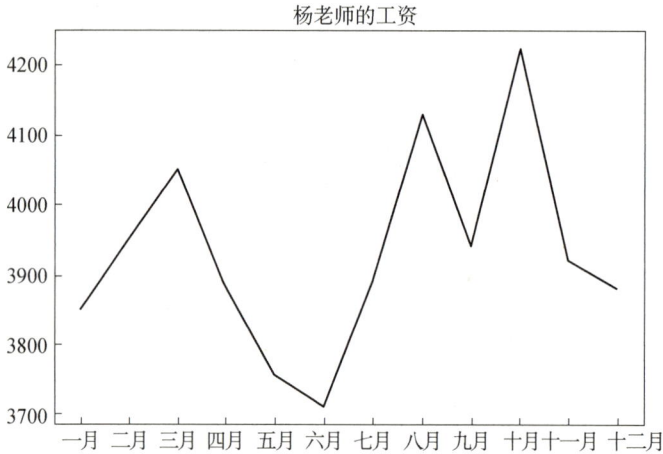

图 4-1 杨老师的工资

【例 4-6】统计例 4-5 中杨老师的平均工资及工资极差。

【程序代码】

```
from scipy import stats as sts
import numpy as np
import matplotlib.pyplot as plt
data=[3850,3950,4050,3880,3755,3710,3890,4130,3940,4225,3920,3880]
month = ['一月', '二月','三月', '四月', '五月','六月','七月','八月','九月','十
月','十一月','十二月']
print('平均工资为: ',sts.tmean(data))
print('工资极差为: ',np.ptp(data))
```

【运行结果】

```
平均工资为: 3931.6666666666665
工资极差为: 515
```

【例 4-7】计算例 4-5 中杨老师工资的标准差。

【程序代码】

```
from scipy import stats as sts
import numpy as np
data=[3850,3950,4050,3880,3755,3710,3890,4130,3940,4225,3920,3880]
month = ['一月', '二月','三月', '四月', '五月','六月','七月','八月','九月','十
月','十一月','十二月']
print('平均工资标准差为: ',sts.tstd(data))
```

【运行结果】

平均工资标准差为: 145.85692449877868

4.2　随机事件

4.2.1　随机试验

1. 样本空间

在自然界中存在各种各样的现象，其中有一类现象是在一定条件下必然出现某种结果。例如，在地球引力作用下，上抛物体一定会落下；水在一定的温度和压力下会变成气体等。我们称这类现象为确定现象。另外还有一类现象是在一定条件下可能出现这样的结果，也可能出现那样的结果，即结果事先不确定。例如，抛一枚硬币，其落下的结果可能是正面朝上，也可能是反面朝上；进行一次环靶射击，其结果可能是击中 0 环，1 环，…，10 环等，我们把这类现象叫作随机现象。其特点是在一定条件下，出现的结果不止一个，事先不能确定哪个结果一定会出现，即呈现不确定性。

称具有下列特征的试验为随机试验。

（1）在相同条件下可以重复进行。

（2）每次试验可能出现的结果不止一个，并且试验前可以知道所有可能出现的结果。

（3）每次试验前不能确定哪个结果一定会出现。

随机试验虽然呈现结果的不确定性，但它却具有内在的必然性，即规律性，称为统计规律性。

把随机试验的每个可能的结果称为样本点，记作 ω。所有可能的结果构成的集合称为样本空间，记作 Ω。

例如，将一枚硬币抛掷两次，每次抛掷可能出现的结果为正、反，所以抛掷完两次后的可能结果为正正、正反、反正、反反，故此试验的样本空间为

$$\Omega = \{正正, 正反, 反正, 反反\}$$

2. 随机事件

随机试验样本空间 Ω 的子集叫作随机事件，简称事件，用英文字母 $A, B, \cdots$ 及 $A_1, A_2, \cdots$ 表示。

因为每个样本点都是样本空间的子集，所以样本点也是随机事件，称它们为基本事

件。随机事件在一次试验中，可能出现，也可能不出现。因而我们说某个事件出现，当且仅当它所包含的某个基本事件出现。例如，在掷一枚骰子试验中，若记 $A=\{$出现偶数点$\}$，则 $A=\{\omega_2,\omega_4,\omega_6\}$，当且仅当"2 点""4 点""6 点"中有一个出现就说事件 A 出现；$B=\{$出现点数小于3$\}=\{\omega_1,\omega_2\}$，当且仅当"1 点""2 点"中有一个出现就说事件 B 出现。

在随机试验中，由于样本空间 Ω 也是它自身的子集，所以 Ω 也是随机事件。在每次试验中都出现的事件叫作必然事件，显然，样本空间 Ω 是必然事件，必然事件也记作 Ω。在每次试验中都不出现的事件叫作不可能事件，记作 ϕ。例如，在掷一枚骰子试验中，"大于6点"的事件就是不可能事件。

3. 事件间的关系及其运算

设随机试验的样本空间为 Ω，且 A、B、A_i $(i=1,2,\cdots,n)$ 都是 Ω 的子集。

（1）事件的包含（子事件）与相等。

若 A 中的每个样本点都在 B 中，则称事件 B 包含事件 A 或事件 A 包含于事件 B（A 为 B 的子事件），记作 $B\supset A$ 或 $A\subset B$。这时，事件 A 出现，事件 B 必然出现。

若 $A\subset B$ 且 $A\supset B$，则称事件 A 与 B 相等，记作 $A=B$。

（2）事件的并（或和）。

由 A 和 B 的所有样本点构成的集合叫作 A 与 B 的并（或和），记作 $A\cup B$（或 $A+B$），即

$$A\cup B=\{\omega|\omega\in A 或 \omega\in B\}$$

这时，事件 A 与 B 中至少有一个出现。

例如，甲、乙二人向同一目标进行一次射击，设 $A=\{$甲击中目标$\}$，$B=\{$乙击中目标$\}$，$C=\{$目标被击中$\}$，则事件 C 就是事件 A 与 B 的并，即 $C=A\cup B$。

事件 $A_1,A_2,\cdots,A_n$ 中至少有一个出现的事件为 $\bigcup_{i=1}^{n}A_i$。

（3）事件的交（或积）。

由同时属于 A 与 B 的样本点构成的集合叫作 A 与 B 的交（或积），记作 $A\cap B$（或 AB），即

$$A\cap B=\{\omega|\omega\in A 且 \omega\in B\}$$

这时，事件 A 与 B 同时出现。

事件 $A_1,A_2,\cdots,A_n$ 同时出现的事件为 $\bigcap_{i=1}^{n}A_i$。

（4）互不相容（或互斥）事件。

若 $AB=\phi$，则称事件 A 与 B 互不相容（或互斥）。这时，事件 A 与 B 不能同时出现。显然，在任意一个随机试验中，基本事件之间都是互不相容（或互斥）的。

（5）互逆（或对立）事件。

若 $A\cup B=\Omega$，且 $AB=\phi$，则称 A 与 B 是互逆（或对立）事件，记作 $A=\bar{B}$ 或 $B=\bar{A}$。一般地，事件 A 的逆事件记作 $\bar{A}$。

（6）事件的差。

由所有属于 A 而不属于 B 的样本点组成的集合叫作 A 与 B 的差，记作 $A-B$，即

$$A - B = \{x \mid x \in A \text{且} x \notin B\}$$

这时，事件 A 出现而事件 B 不出现。显然有 $A - B = A\overline{B}$。

由于事件是样本空间的子集，因而事件的运算与集合的运算完全一致，具有如下相同的性质。

（1）交换律：$A \cup B = B \cup A$，$A \cap B = B \cap A$。

（2）结合律：$(A \cup B) \cup C = A \cup (B \cup C)$，$(A \cap B) \cap C = A \cap (B \cap C)$。

（3）分配律：$(A \cup B) \cap C = (A \cap C) \cup (B \cap C)$，$(A \cap B) \cup C = (A \cup C) \cap (B \cup C)$。

（4）对偶律：$\overline{A \cup B} = \overline{A}\,\overline{B}$，$\overline{AB} = \overline{A} \cup \overline{B}$。

对偶律可以推广到有限个以至可列个事件的情形，即

$$\overline{\bigcup_{i=1}^{\infty} A_i} = \bigcap_{i=1}^{\infty} \overline{A_i}，\qquad \overline{\bigcap_{i=1}^{\infty} A_i} = \bigcup_{i=1}^{\infty} \overline{A_i}$$

4.2.2　随机事件的概率

1. 频率

随机事件 A 在 n 次重复试验中发生了 k 次，称 $\dfrac{k}{n}$ 为事件 A 在 n 次重复试验中出现的频率，记作 $f_n(A) = \dfrac{k}{n}$。

【例 4-8】使用 Python 进行抛硬币模拟试验，统计正面朝上的频率。

【程序代码】

```python
import numpy as np
import matplotlib.pyplot as plt
import random
#中文显示
plt.rcParams['font.sans-serif']=['simhei']
#用代码实现重复 50 次抛硬币的试验，观察每次正面朝上的频率
#定义做 50 次试验，每次抛 500 次(可以设置不同次数)
batch=int(input("请输入试验次数："))
samples=500*np.ones(batch,dtype=np.int32)
result=[]
result_mean=[]
#统计每次正面朝上的频率
for k in range(batch):
    for i in range(samples[k]):
        result.append(random.randint(0,1))
    result_mean.append(np.mean(result))
xaxis=list(range(batch))
plt.plot(xaxis,result_mean)
plt.xlabel('抛硬币数')
plt.ylabel('正面朝上频率')
plt.show()
```

【运行结果】

运行结果如图 4-2 所示。

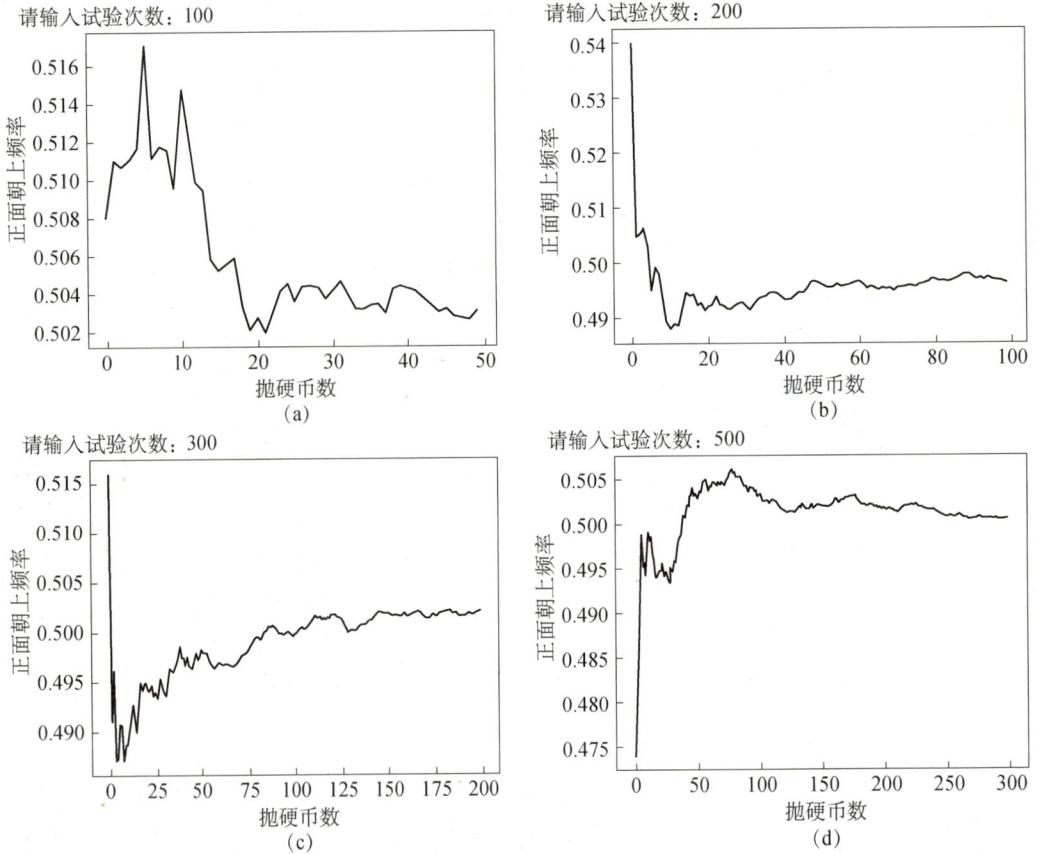

图 4-2　模拟投币频率统计

2. 概率

若事件 A 出现的频率随着试验次数 n 的增大而稳定于某一常数 p，则称 p 为事件 A 的概率，记作 $P(A)=p$。

数值 p 就是在一次试验中对事件 A 发生的可能性大小的数量刻画。例如，0.5 就是刻画抛一枚硬币试验的事件 $B=\{$正面向上$\}$ 的概率，即 $P(B)=0.5$。

由概率的统计定义可得概率的如下性质。

（1）$0 \leqslant P(A) \leqslant 1$；　　　$P(\Omega)=1$，$P(\phi)=0$。

（2）对两两互斥的有限个随机事件 $A_1, A_2, \cdots, A_n$，有 $P(A_1 \cup A_2 \cup \cdots \cup A_n)=P(A_1)+P(A_2)+\cdots+P(A_n)$。

性质（2）叫作概率的有限可加性。此性质可以推广至概率的可列可加性，即若事件 $A_1, A_2, \cdots, A_n, \cdots$ 两两互斥，则

$$P(A_1 \cup A_2 \cup \cdots \cup A_n \cup \cdots)=P(A_1)+P(A_2)+\cdots+P(A_n)+\cdots$$

（3）$P(\overline{A})=1-P(A)$。

（4）若 $A \subset B$，则 $P(B-A)=P(B)-P(A)$。

（5）若 A、B 为任意事件，则 $P(B-A)=P(B)-P(AB)$。

（6）$P(A \cup B)=P(A)+P(B)-P(AB)$。

性质（6）叫作概率加法公式，性质（3）是它的特例。

4.2.3　古典概型

如果一个随机试验具有两个特点：①样本空间 Ω 是由有限个样本点组成的，即其基本事件的个数是有限的；②每个基本事件出现的可能性相同（也叫作具有等可能性）。称随机试验为古典随机试验，相应的数学模型叫作古典概型。古典概型在实践中有广泛的应用，它在概率论中占有相当重要的地位。对于古典概型，设其样本空间 $\Omega=\{\omega_1,\omega_2,\cdots,\omega_n\}$，由于 $\omega_1 \cup \omega_2 \cup \cdots \cup \omega_n = \Omega$，且 ω_i 间是互不相容的。

对于古典概型，设其样本空间包含基本事件的个数为 n，事件 A 包含基本事件的个数为 k，则称 $\dfrac{k}{n}$ 为事件 A 的概率，记作 $P(A)$，即

$$P(A)=\frac{k}{n}$$

例如，在 10 件产品中，有 8 件正品，2 件次品，任意取一件产品，$P(\text{取得次品})=\dfrac{2}{10}=\dfrac{1}{5}$。

4.2.4　条件概率及乘法公式

1.条件概率

设 A、B 是两个事件，且 $P(A)>0$，则 $P(B|A)=\dfrac{P(AB)}{P(A)}$ 为在事件 A 发生的条件下，事件 B 发生的条件概率。

【例 4-9】有 100 个零件，分别交给甲、乙两个工人负责加工。甲加工 60 个零件，在加工出来的零件中，有 45 个正品，15 个次品。乙加工 40 个零件，在加工出来的零件中，有 35 个正品，5 个次品。现在从这 100 个零件中任意取一个，设 A={取到正品}，$\bar{A}$={取到次品}，B={取到甲加工的零件}，$\bar{B}$={取到乙加工的零件}，可能出现的情况如表 4-2 所示。

表 4-2　任意取一个零件可能出现的情况

	B	$\bar{B}$	共计
A	AB={甲加工的正品} 45 个	$A\bar{B}$={乙加工的正品} 35 个	80 个
$\bar{A}$	$\bar{A}B$={甲加工的次品} 15 个	$\bar{A}\bar{B}$={乙加工的次品} 5 个	20 个
共计	60 个	40 个	Ω 100 个

求下列概率。

（1）取到一个正品的概率。

【解答】从 100 个零件中任意取，可以看作样本空间 Ω 中共有 100 个样本点，其中正品有 80 个，换句话说，事件 A ={取到正品}中包含 80 个样本点，所以

$$P(A) = \frac{80}{100} = 0.8$$

（2）取到一个甲加工的零件的概率。

【解答】一共有 100 个零件，即样本空间 Ω 中共有 100 个样本点，其中甲加工的零件有 60 个，换句话说，事件 B ={取到甲加工的零件}中包含 60 个样本点，所以

$$P(B) = \frac{60}{100} = 0.6$$

（3）取到一个甲加工的正品的概率。

【解答】还是从 100 个零件中任意取，样本空间 Ω 中还是 100 个样本点，其中甲加工的正品有 45 个，显然，事件 AB ={取到甲加工的正品}中包含 45 个样本点，所以

$$P(AB) = \frac{45}{100} = 0.45$$

（4）在已知取到一个甲加工的零件的条件下，这个零件是正品的概率。

【解答】因为已经知道取到的零件是甲加工的，所以，只能在 60 个甲加工的零件中考虑，换句话说，计算概率时，样本空间缩小了，样本点总数要从 Ω 中的 100 个缩小到 B 中的 60 个，事件也缩小了，事件中包含的样本点数也要从 A 中的 80 个缩小到 AB 中的 45 个。

因此，这时有

$$P(A \mid B) = \frac{AB 包含的样本点数}{B 包含的样本点数} = \frac{45}{60} = 0.75$$

上述结果也可表示为

$$P(A \mid B) = \frac{45}{60} = \frac{45/100}{60/100} = \frac{P(AB)}{P(B)}$$

条件概率 $P(A \mid B)$ 既不同于概率 $P(A)$ 和 $P(B)$，又不同于概率 $P(AB)$。

2. 概率的乘法公式

由条件概率公式变形，得 $P(AB) = P(A)P(B \mid A) = P(B)P(A \mid B)$，称为概率的乘法公式。

3. 全概率公式

设事件 $A_1, A_2, \cdots A_n$ 两两互斥，$A_1 \cup A_2 \cup \cdots \cup A_n = \Omega$，且 $P(A_i) > 0 \, (i = 1, 2, \cdots, n)$，$B$ 为任意事件，则

$$P(B) = P(A_1)P(B \mid A_1) + P(A_2)P(B \mid A_2) + \cdots + P(A_n)P(B \mid A_n) = \sum_{i=1}^{n} P(A_i)P(B \mid A_i)$$

上式称为全概率公式。

【例 4-10】某厂生产的一种产品分别由甲、乙、丙三个检验员负责检验，甲、乙、丙三人检验通过的产品数，分别占检验通过的产品总数的 20%、30%、50%，已知甲、乙、

108

丙三人误使次品通过的概率分别为 0.15、0.05、0.11。现在从检验通过的产品中任意取一件，问它是次品的概率是多少？

【解答】设 $A=\{$从检验通过的产品中任意取一件发现是次品$\}$，$B_1=\{$所取产品为经甲检验过的产品$\}$，$B_2=\{$所取产品为经乙检验过的产品$\}$，$B_3=\{$所取产品为经丙检验过的产品$\}$，

已知

$$P(B_1)=20\%，\quad P(B_2)=30\%，\quad P(B_3)=50\%，$$
$$P(A|B_1)=0.15，\quad P(A|B_2)=0.05，\quad P(A|B_3)=0.11$$

所以，由全概率公式可求出事件 A 的概率为

$$P(A)=P(B_1)P(A|B_1)+P(B_2)P(A|B_2)+P(B_3)P(A|B_3)$$
$$=20\%\times0.15+30\%\times0.05+50\%\times0.11$$
$$=0.03+0.015+0.055=0.1$$

4. 贝叶斯公式

设事件 $A_1,A_2,\cdots,A_n$ 两两互斥，$A_1\cup A_2\cup\cdots\cup A_n=\Omega$，且 $P(A_i)>0\ (i=1,2,\cdots,n)$，对于任意事件 B，$P(B)>0$，则

$$P(A_i|B)=\frac{P(A_i)P(B|A_i)}{P(B)}=\frac{P(A_i)P(B|A_i)}{\sum_{i=1}^{n}P(A_i)P(B|A_i)}\quad(i=1,2,\cdots,n)$$

【例 4-11】在计算机通信中，利用 0、1 信号来表示要发送的信息。信源以等概率传输 0、1 两种信号，由于信道存在噪声干扰等因素，接收机同等接收信号的能力产生了偏移，将 0 理解为 1 或将 1 理解为 0。当信源发送 0 信号时，接收机接收转移成 1 信号的概率为 0.2；当信源发送 1 信号时，接收机接收转移成 0 信号的概率为 0.1。现接收机接收到一个字符串 00101，假设每节之间的传输相互独立，那么，接收机正确获取信源信息的概率为多少？

【解答】记 $A=\{$发送信号为 0$\}$，$B=\{$发送信号为 1$\}$，$C=\{$接收信号为 0$\}$，$D=\{$接收信号为 1$\}$，则得到

$P(A)=0.5$，$P(B)=0.5$，$P(C|A)=0.8$，$P(C|B)=0.1$，$P(D|A)=0.2$，$P(D|B)=0.9$

由贝叶斯公式得出，正确传输 0、1 信号的概率分别为

$$P(A|C)=\frac{P(C|A)P(A)}{P(C|A)P(A)+P(C|B)P(B)}$$
$$=\frac{0.8\times0.5}{0.8\times0.5+0.1\times0.5}\approx0.889$$
$$P(B|D)=\frac{P(D|B)P(B)}{P(D|B)P(B)+P(D|A)P(A)}$$
$$=\frac{0.9\times0.5}{0.9\times0.5+0.2\times0.5}\approx0.818$$

接收机正确获取信源信息的概率 $P=(0.889)^3\times(0.818)^2\approx0.47$。

【程序代码】

```
#A 为"发送信号为 0",B 为"发送信号为 1",C 为"接收信号为 0",D 为"接收信号为 1"
P_A=0.5
P_B=0.5
P_C_A=0.8
P_C_B=0.1
P_D_A=0.2
P_D_B=0.9
#正确传输 0、1 信号的概率
P_A_C=(P_C_A*P_A)/(P_C_A*P_A+P_C_B*P_B)
P_B_D=(P_D_B*P_B) /(P_D_B*P_B+P_D_A*P_A)
print("正确传输信号 0 的概率为：%.3f"%P_A_C)
print("正确传输信号 1 的概率为：%.3f"%P_B_D)
#接收机正确获取信源信息的概率
print("接收机正确获取信源信息的概率为：%.2f"%((P_A_C**3)*(P_B_D**2)))
```

【运行结果】

```
正确传输信号 0 的概率为：0.889
正确传输信号 1 的概率为：0.818
接收机正确获取信源信息的概率为：0.47
```

4.2.5 事件的独立性与二项概率公式

1. 事件的独立性

如果事件 A、B 满足

$$P(AB) = P(A)P(B)$$

则称事件 A 与 B 相互独立，简称 A、B 独立。

设 A、B、C 是三个事件，如果同时满足

$$\begin{cases} P(AB) = P(A)P(B) \\ P(BC) = P(B)P(C) \\ P(AC) = P(A)P(C) \\ P(ABC) = P(A)P(B)P(C) \end{cases}$$

则称事件 A、B、C 相互独立。

一般地，设有事件 $A_1, A_2, \cdots, A_n$ $(n \geq 2)$，如果其中任意 2 个，任意 3 个，…，任意 n 个事件的积事件的概率，都等于各事件概率之积，则称为事件 $A_1, A_2, \cdots, A_n$ 相互独立。

由此即可得到以下两个重要结论。

（1）若事件 $A_1, A_2, \cdots, A_n$ $(n \geq 2)$ 相互独立，则其中任意 k $(2 \leq k \leq n)$ 个事件也相互独立。

（2）若 n 个事件 $A_1, A_2, \cdots, A_n$ $(n \geq 2)$ 相互独立，则将 $A_1, A_2, \cdots, A_n$ 中任意多个事件换成其对立事件，n 个事件仍是相互独立的。

若事件 $A_1, A_2, \cdots, A_n$ 相互独立，则有

$$P(A_1, A_2, \cdots, A_n) = P(A_1)P(A_2)\cdots P(A_n)$$

每次试验出现的结果互不影响，这类试验叫作重复独立试验。在 n 次重复独立试验中，若每次结果只有两个，A 或 $\overline{A}$，则将此类试验叫作 n 重伯努利试验，这种概率模型叫作伯努利概型。

2. 二项概率公式

在伯努利概型中，设事件 A 发生的概率为 p（$0 < p < 1$），则在这 n 次试验中，事件 A 恰好发生 k 次的概率为

$$P_n(k) = C_n^k p^k (1-p)^{n-k} \qquad (k = 0, 1, 2, \cdots, n)$$

此式称为二项概率公式。

伯努利概型对试验结果没有等可能的要求，但有下述要求。

（1）每次试验条件相同。

（2）每次试验只考虑两个互逆结果 A 或 $\overline{A}$，且 $P(A) = p$。

（3）各次试验相互独立。

可以简单地说，二项概率描述的是 n 重伯努利试验中出现"成功"次数 X 的概率分布。

【例 4-12】楼中装有 5 个同类型的供水设备，调查表明在任意时刻每个设备被使用的概率为 0.1，求：

（1）在同一时刻恰有 2 个设备被使用的概率。

（2）至少有 3 个设备被使用的概率。

【解答】设 X 为在同一时刻被使用的设备数。

（1）所求概率为

$$P\{X = 2\} = C_5^2 (0.1)^2 (0.9)^3 = 0.07290$$

（2）所求概率为

$$\begin{aligned} P\{X \geqslant 3\} &= P\{X = 3\} + P\{X = 4\} + P\{X = 5\} \\ &= C_5^3 (0.1)^3 (0.9)^2 + C_5^4 (0.1)^4 (0.9) + C_5^5 (0.1)^5 \\ &= 0.00810 + 0.00045 + 0.00001 = 0.00856 \end{aligned}$$

4.3　随机变量

4.3.1　随机变量的概念

设试验 E 的样本空间 $\Omega = \{\omega\}$，如果对每个 $\omega \in \Omega$，通过某一对应关系，有一个实数 $X(\omega)$ 与之对应，得到一个定义在 Ω 上的单值函数 $X(\omega)$，称 $X(\omega)$ 为随机变量，并简记为 X。

通过建立随机变量，可以更方便地利用数学方法来处理概率统计问题。

例如，掷一枚硬币，随机变量 X 定义为：将正面朝上记为 ω_1，对应值为 1；反面朝上记为 ω_0，对应值为 0。这样 $X = 1$ 就表示正面朝上。

设 X 是一个随机变量，x 是任意实数，称函数
$$F(x) = P\{X \leq x\}$$
为 X 的分布函数。

由定义可知，对于任意实数 x_1、x_2 $(x_1 < x_2)$，有
$$P\{x_1 < X \leq x_2\} = P\{X \leq x_2\} - P\{X \leq x_1\} = F(x_2) - F(x_1)$$

显然，分布函数具有以下性质。

（1）$F(x)$ 是变量 x 的不减函数。

（2）$0 \leq F(x) \leq 1$ $(-\infty < x < +\infty)$。

（3）$F(-\infty) = \lim\limits_{x \to -\infty} F(x) = 0$，$F(+\infty) = \lim\limits_{x \to +\infty} F(x) = 1$。

在实际应用中，根据随机变量的取值特点分为离散型随机变量和连续型随机变量。

1. 离散型随机变量

对于随机变量 X，如果它只可能取有限个或可列个值，则称 X 为离散型随机变量。

设离散型随机变量 X 所有可能取的值是 $x_1, x_2, \cdots, x_k$，为完全描述 X，除知道 X 可能的取值之外，还要知道 X 取各个值的概率，设
$$P\{X = x_k\} = p_k \quad (k = 1, 2, \cdots)$$

称上式为离散型随机变量的概率分布或分布律。概率分布表如表 4-3 所示。

表 4-3 概率分布表

X	x_1	x_2	...	x_k	...
P	p_1	p_2	...	p_k	...

关于 p_k 的两个性质。

（1）$p_k \geq 0$ $(k = 1, 2, \cdots)$。

（2）$\sum\limits_k p_k = 1$。

其分布函数为 $F(x) = P\{X \leq x\} = \sum\limits_{X \leq x} p_i$。

【例 4-13】设有 10 件产品，其中正品 5 件，次品 5 件。从中任意取 3 件产品，讨论这 3 件产品中次品件数的概率分布。

【解答】设 X 是取出的 3 件产品中的次品数，它的可能取值是 0、1、2、3。其概率为
$$P\{X = 0\} = \frac{C_5^3}{C_{10}^3} = \frac{1}{12}, \qquad P\{X = 1\} = \frac{C_5^1 C_5^2}{C_{10}^3} = \frac{5}{12},$$
$$P\{X = 2\} = \frac{C_5^2 C_5^1}{C_{10}^3} = \frac{5}{12}, \qquad P\{X = 3\} = \frac{C_5^3}{C_{10}^3} = \frac{1}{12}$$

X 的概率分布表如表 4-4 所示

表 4-4 例 4-13 的概率分布表

X	0	1	2	3
p	$\frac{1}{12}$	$\frac{5}{12}$	$\frac{5}{12}$	$\frac{1}{12}$

【例 4-14】在电子线路中有两个并联的继电器，设这两个继电器是否接通具有随机性，且彼此独立，已知每个继电器接通的概率为 0.8，记 X 为电子线路中接通的继电器的个数，求：

（1）X 的概率分布，并写出概率分布表。

（2）电子线路接通的概率。

【解答】（1）随机变量 X 可能的取值是 0、1、2。

设 $A_i = \{\text{第 } i \text{ 个继电器接通}\}$ $(i = 1, 2)$，A_1、A_2 相互独立，且 $P(A_1) = P(A_2) = 0.8$。

$P\{X = 0\} = P(\overline{A_1}\,\overline{A_2}) = P(\overline{A_1})P(\overline{A_2}) = (1 - 0.8)(1 - 0.8) = 0.04$。

$P\{X = 1\} = P(A_1 \overline{A_2} \bigcup \overline{A_1} A_2) = P(A_1 \overline{A_2}) + P(\overline{A_1} A_2) = 0.8 \times 0.2 + 0.2 \times 0.8 = 0.32$。

$P\{X = 2\} = P(A_1 A_2) = P(A_1)P(A_2) = 0.8 \times 0.8 = 0.64$。

X 的概率分布表如表 4-5 所示。

表 4-5　例 4-14 的概率分布表

X	0	1	2
P	0.04	0.32	0.64

（2）求电子线路接通的概率，即求 $P\{X \geqslant 1\}$。

$P\{X \geqslant 1\} = P\{X = 1 \bigcup X = 2\} = P\{X = 1\} + P\{X = 2\} = 0.32 + 0.64 = 0.96$。

2. 连续型随机变量

对随机变量 X，若存在非负函数 $f(x)$，使得 X 取值于任意区间 (a, b) 的概率为

$$P\{a < X < b\} = \int_a^b f(x)\mathrm{d}x$$

则称 X 为连续型随机变量，其中 $f(x)$ 为 X 的概率密度函数，简称概率密度。

设 $f(x)$ 为 X 的概率密度函数，其性质如下。

（1）对 $f(x)$，有 $f(x) \geqslant 0$。

（2）$\int_{-\infty}^{+\infty} f(x)\mathrm{d}x = 1$。

$P\{a < X < b\} = \int_a^b f(x)\mathrm{d}x$ 的几何意义是在区间 (a, b) 上，$f(x)$ 图形之下的曲边梯形的面积，即连续型随机变量在区间 (a, b) 的概率大小可以用面积来表示。

其分布函数表示为 $F(x) = P\{X \leqslant x\} = \int_{-\infty}^x f(t)\mathrm{d}t$，即已知概率密度函数，求分布函数，需要求积；已知分布函数，求概率密度函数，需要求导。

【例 4-15】设随机变量 X 的概率密度函数为

$$f(x) = \frac{c}{1 + x^2} \quad (-\infty < x < +\infty)$$

试求：

（1）常数 c。

（2）X 的分布函数。

（3）$P\{0 \leqslant X \leqslant 1\}$。

【解答】（1）由概率密度函数的性质可知，$c \geqslant 0$，$\int_{-\infty}^{+\infty} f(x)\mathrm{d}x = 1$，即 $\int_{-\infty}^{+\infty} \dfrac{c}{1 + x^2}\mathrm{d}x = 1$，

所以 $c = \dfrac{1}{\pi}$。

于是概率密度函数为

$$f(x) = \frac{1}{\pi(1+x^2)} \quad (-\infty < x < +\infty)$$

（2） $F(x) = \displaystyle\int_{-\infty}^{x} f(t)\mathrm{d}t = \int_{-\infty}^{x} \frac{1}{\pi(1+t^2)}\mathrm{d}t = \frac{1}{\pi}\arctan t \,\big|_{-\infty}^{x} = \frac{1}{\pi}\arctan x + \frac{1}{2}$。

（3） $P\{0 \leqslant X \leqslant 1\} = F(1) - F(0) = \dfrac{1}{\pi}\arctan 1 = \dfrac{1}{4}$。

4.3.2 重要的随机分布

1. 常见的离散型随机分布

（1）二项分布。

二项分布又称为 n 重伯努利分布，记作 $X \sim B(n,p)$。

$$P\{X = k\} = C_n^k p^k (1-p)^{n-k} \quad (k = 0,1,2,\cdots,n,\ 0 < p < 0)$$

注意：在 n 重伯努利试验中，若 p 为事件 A 在每次试验中发生的概率，则在 n 次试验中，事件 A 发生的次数 X 服从 $X \sim B(n,p)$；特别地，称 $B(1,p)$ 为 0-1 分布或两点分布。

【例 4-16】某人射击一个目标，设每次射击的命中率为 0.02，独立射击 500 次，命中的次数记为 X，求至少命中两次的概率。

【解答】由题意可得 $X \sim B(500,0.02)$，所求概率为

$$P\{X \geqslant 2\} = 1 - P\{X < 2\} = 1 - P\{X = 0\} - P\{X = 1\}$$

利用近似公式计算，其中 $np = 500 \times 0.02 = 10$，所以

$$P\{X = 0\} = C_{500}^0 (0.02)^0 (0.98)^{500} \approx \frac{10^0 \mathrm{e}^{-10}}{0!} = 0.00004$$

$$P\{X = 1\} = C_{500}^1 (0.02)(0.98)^{499} \approx \frac{10\mathrm{e}^{-10}}{1!} = 0.00045$$

【例 4-17】利用 pmf()函数创建服从二项分布的仿真数据。

【程序代码】

```
import matplotlib.pyplot as plt
import math
from scipy import stats
plt.rcParams['font.sans-serif']=['SimHei']  #指定默认字体
n = 20
p = 0.3
k = np.arange(0,41)
print(k)
print("*"*20)
binomial = stats.binom.pmf(k,n,p)
print(binomial)
plt.plot(k, binomial, 'o-')
plt.title('二项分布:n=%i,p=%.2f'%(n,p),fontsize=15)
plt.xlabel('成功次数')
```

```
plt.ylabel('成功次数的概率', fontsize=15)
plt.grid(True)
plt.show()
```

【运行结果】

```
[ 0  1  2  3  4  5  6  7  8  9 10 11 12 13 14 15 16 17 18 19 20 21 22 23
 24 25 26 27 28 29 30 31 32 33 34 35 36 37 38 39 40]
********************
[7.97922663e-04 6.83933711e-03 2.78458725e-02 7.16036722e-02
 1.30420974e-01 1.78863051e-01 1.91638983e-01 1.64261985e-01
 1.14396740e-01 6.53695655e-02 3.08170809e-02 1.20066549e-02
 3.85928193e-03 1.01783260e-03 2.18106985e-04 3.73897689e-05
 5.00755833e-06 5.04963865e-07 3.60688475e-08 1.62716605e-09
 3.48678440e-11 0.00000000e+00 0.00000000e+00 0.00000000e+00
 0.00000000e+00 0.00000000e+00 0.00000000e+00 0.00000000e+00
 0.00000000e+00 0.00000000e+00 0.00000000e+00 0.00000000e+00
 0.00000000e+00 0.00000000e+00 0.00000000e+00 0.00000000e+00
 0.00000000e+00]
```

运行结果如图 4-3 所示。

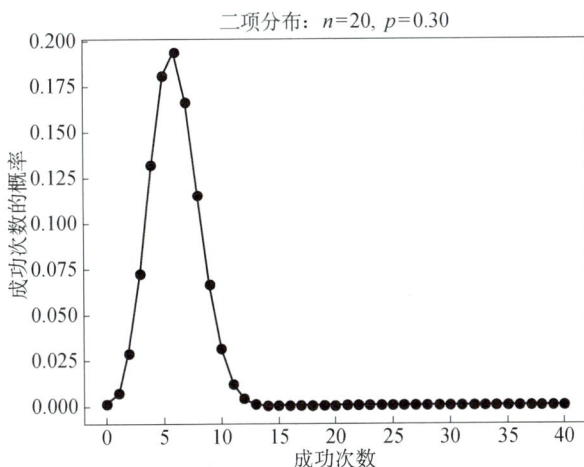

图 4-3　二项分布图

（2）泊松分布 $X \sim P(\lambda)$：

$$P\{X=k\} = \frac{\lambda^k}{k!} \mathrm{e}^{-\lambda} \quad (k=0,1,2,\cdots, \quad \lambda > 0)$$

当 n 较大时，n 重伯努利分布的概率计算通常利用泊松分布来近似计算，即

$$P\{X=k\} = C_n^k p^k (1-p)^{n-k} \approx \frac{\lambda^k}{k!} \mathrm{e}^{-\lambda} \quad (\lambda = np)$$

【例 4-18】由某商店过去的销售记录知道，某种商品每月销售数可以用参数 $\lambda=10$ 的泊松分布来描述，为了有 95% 以上的把握保证不脱销，问该商店在月底至少应进某种商品多少件？

【解答】设该商店每月销售某种商品 X 件，月底进货 a 件，则当 $X \leqslant a$ 时不会脱销。因而按题意要求为 $P\{X \leqslant a\} \geqslant 0.95$。又 $X \sim P(10)$，所以 $\sum_{k=0}^{a} \frac{10^k}{k!} \mathrm{e}^{-10} \geqslant 0.95$。

查泊松分布表得 $\sum_{k=0}^{14} \frac{10^k}{k!} \mathrm{e}^{-10} \approx 0.9166 < 0.95$，$\sum_{k=0}^{15} \frac{10^k}{k!} \mathrm{e}^{-10} \approx 0.9513 > 0.95$。

于是该商店只要在月底至少进货某种商品 15 件（假定上月没有存货），就能有 95%以上的把握保证这种商品不脱销。

【例 4-19】利用 poisson()函数创建服从泊松分布的仿真数据。

【程序代码】

```
import numpy as np
import matplotlib.pyplot as plt
import math
x = np.random.poisson(lam=5, size=10000) # lam 为λ,size 为 k
pillar = 20
a = plt.hist(x, bins=pillar, density=True, range=[0, pillar], alpha=0.5)
plt.plot(a[1][0:pillar], a[0])
plt.grid()
plt.show()
```

【运行结果】

运行结果如图 4-4 所示。

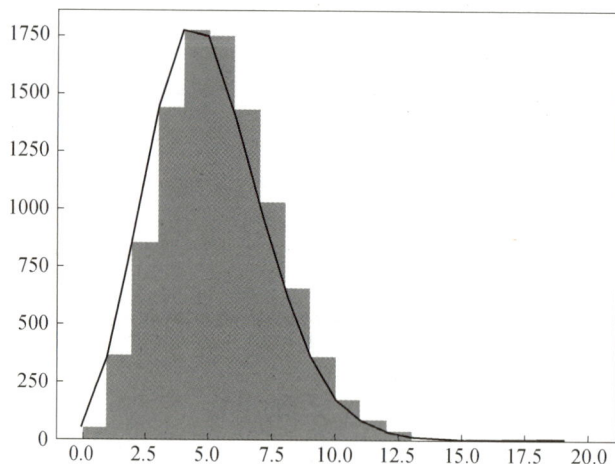

图 4-4　泊松分布图

2. 常见的连续型随机分布

（1）均匀分布 $X \sim U(a,b)$，概率密度函数为

$$f(x) = \begin{cases} \dfrac{1}{b-a}, & a < x < b \\ 0, & \text{其他} \end{cases}$$

分布函数为

$$F(x) = \begin{cases} 0, & x < a \\ \dfrac{x-a}{b-a}, & a \leqslant x < b \\ 1, & x \geqslant b \end{cases}$$

【例 4-20】设某种灯泡的使用寿命 X 是一随机变量，均匀分布 1000 到 1200 小时，求：（1）X 的概率密度函数。（2）X 取值于 1060 到 1150 小时的概率。

【解答】（1）由题意可得 $a = 1000$，$b = 1200$，则 X 的概率密度函数为

$$f(x) = \begin{cases} \dfrac{1}{200}, & 1000 < x < 1200 \\ 0, & \text{其他} \end{cases}$$

（2）$P\{1060 < X < 1150\} = \int_{1060}^{1150} f(x)\mathrm{d}x = \int_{1060}^{1150} \dfrac{1}{200} \mathrm{d}x = \dfrac{1150-1060}{200} = \dfrac{9}{20}$。

（2）指数分布 $X \sim E(\lambda)$，概率密度函数为

$$f(x) = \begin{cases} \lambda \mathrm{e}^{-\lambda x}, & x > 0 \\ 0, & x \leqslant 0 \end{cases}$$

分布函数为

$$F(x) = \begin{cases} 1 - \mathrm{e}^{-\lambda x}, & x \geqslant 0\ (\lambda > 0) \\ 0, & x < 0 \end{cases}$$

【例 4-21】设某产品的使用寿命 X 电子（单位：小时）服从参数 $\lambda = 0.0002$ 的指数分布，求该产品的使用寿命超过 3000 小时的概率。

【解答】所求概率为 $P\{X > 3000\}$，由题意可得概率密度函数为

$$f(x) = \begin{cases} 0.0002\mathrm{e}^{-0.0002x}, & x > 0 \\ 0, & x \leqslant 0 \end{cases}$$

所以

$$P\{X > 3000\} = \int_{3000}^{+\infty} f(x)\mathrm{d}x = \int_{3000}^{+\infty} 0.0002\mathrm{e}^{-0.0002x}\mathrm{d}x = \mathrm{e}^{-0.6} \approx 0.5488$$

即该产品的使用寿命超过 3000 小时的概率大约为 0.5488。

【例 4-22】已知某种电子仪器的无故障使用时间，即从修复后使用到出现故障之间的时间间隔长度 X 电子（单位：小时）服从参数为 λ 的指数分布，求：

（1）这种电子仪器能无故障使用 t 小时以上的概率。

（2）这种电子仪器已经无故障使用了 s 小时，还能无故障使用 t 小时以上的概率。

【解答】因为 $X \sim E(\lambda)$，X 的分布函数为 $F(x) = \begin{cases} 1 - \mathrm{e}^{-\lambda x}, & x > 0 \\ 0, & x \leqslant 0 \end{cases}$。

（1）电子仪器能无故障使用 t 小时以上的概率为
$$P\{X > t\} = 1 - P\{X \leqslant t\} = 1 - F(t) = 1 - (1 - \mathrm{e}^{-\lambda t}) = \mathrm{e}^{-\lambda t}$$

（2）在电子仪器已经无故障使用了 s 小时的条件下，还能无故障使用 t 小时以上的概率为
$$P\{X > s+t \mid X > s\} = \dfrac{P\{X > s+t\}}{P\{X > s\}} = \dfrac{\mathrm{e}^{-\lambda(s+t)}}{\mathrm{e}^{-\lambda s}} = \mathrm{e}^{-\lambda t}$$

有趣的是，（1）和（2）求得的概率是一样的，即

$$P\{X > s+t \mid X > s\} = P\{X > t\}$$

无故障使用了 s 小时后，照样还可以无故障使用 t 小时以上，好像忘记了它以前的经历，这是指数分布特有的一个特性，称为"指数分布的无记忆性"。

这个特性相当重要，便于我们理解长短期记忆神经网络（LSTM），在文本生成、机器翻译、语音识别、生成图像描述和视频标记等领域应用较多。

（3）正态分布 $X \sim N(\mu, \sigma^2)$，概率密度函数为

$$f(x) = \frac{1}{\sqrt{2\pi}\sigma} e^{-\frac{(x-\mu)^2}{2\sigma^2}} \quad (-\infty < x < +\infty,\ -\infty < \mu < +\infty,\ \sigma > 0)$$

$N(0,1)$ 称为标准正态分布，其分布函数为

$$F(x) = \frac{1}{\sqrt{2\pi}} \int_{-\infty}^{x} e^{-\frac{x^2}{2}} dx$$

该分布函数有如下性质。

① $F(0) = 0.5$。

② $F(-x) = 1 - F(x)$，$F(x)$ 的值可查正态分布表得到。

③ 若 $X \sim N(\mu, \sigma^2)$，则其分布函数 $F(x) = F(\frac{x-\mu}{\sigma})$，从而有

$$P\{a < X \leqslant b\} = F(b) - F(a) = F(\frac{b-\mu}{\sigma}) - F(\frac{a-\mu}{\sigma})$$

④ 若 $X \sim N(\mu, \sigma^2)$，则 $Y = aX + b \sim N(a\mu+b, a^2\sigma^2)$。

特别地，$Y = \frac{X-\mu}{\sigma} \sim N(0,1)$。

【例 4-23】设 $X \sim N(2,4)$，求：

（1）$P\{-1 < X < 2\}$。

（2）$P\{|X| > 1\}$。

【解答】（1）$P\{-1 < X < 2\} = F(\frac{2-2}{2}) - F(\frac{-1-2}{2}) = F(0) - F(-1.5)$

$= F(0) - [1 - F(1.5)] = 0.5 - 1 + 0.9332 = 0.4332$。

（2）$P\{|X| > 1\} = 1 - P\{|X| \leqslant 1\} = 1 - P\{-1 \leqslant X \leqslant 1\} = 1 - [F(\frac{1-2}{2}) - F(\frac{-1-2}{2})]$

$= 1 - [F(-0.5) - F(-1.5)] = 1 - [(1 - F(0.5)) - (1 - F(1.5))] = 1 + F(0.5) - F(1.5)$

$= 1 + 0.6915 - 0.9332 = 0.7583$。

【例 4-24】利用 normal() 函数创建服从正态分布的仿真数据。

【程序代码】

```
import numpy as np
import matplotlib.pyplot as plt
mu = 1   #期望为1
sigma = 3   #标准差为3
num = 10000   #个数为10000
rand_data = np.random.normal(mu, sigma, num)
count, bins, ignored = plt.hist(rand_data, 30, density=True)
plt.plot(bins, 1/(sigma * np.sqrt(2 * np.pi)) *np.exp( - (bins - mu)**2
```

```
/ (2 * sigma**2)), linewidth=2, color='r')
    plt.show()
```

【运行结果】

运行结果如图 4-5 所示。

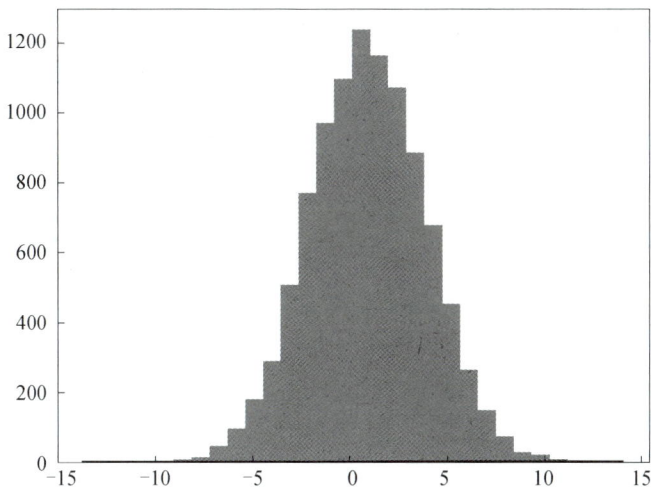

图 4-5　正态分布图

【例 4-25】设 $X \sim N(3, 5^2)$，求：

（1）$P\{2 < X < 6\}$。

（2）确定 c，使得 $P\{-3c < X < 2c\} = 0.6$。

【程序代码】

```
from scipy.stats import norm
from scipy.optimize import fsolve
print("p=",norm.cdf(6,3,5)-norm.cdf(2,3,5))
f=lambda c:norm.cdf(2*c,3,5)-norm.cdf(-3*c,3,5)-0.6
print("c=",fsolve(f,0))
```

【运行结果】

```
p= 0.3050065916890295
c= [2.29103356]
```

一般地，numpy 库里有现成的生成服从某个概率分布的随机变量，而且可以自己设置参数和随机数的数量。

（1）numpy.random.beta(a, b[, size])：Beta 分布随机变量。

（2）numpy.random.binomial(n, p[, size])：二项分布随机变量。

（3）numpy.random.chisquare(df[, size])：卡方分布随机变量。

（4）numpy.random.dirichlet(alpha[, size])：狄利克雷分布随机变量。

（5）numpy.random.exponential([scale, size])：指数分布随机变量。

（6）numpy.random.geometric(p[, size])：几何分布随机变量。

（7）numpy.random.normal([loc, scale, size])：正态分布随机变量。

（8）numpy.random.poisson([lam, size])：泊松分布随机变量。

（9）numpy.random.uniform([low, high, size])：均匀分布随机变量。

（10）numpy.random.wald(mean, scale[, size])：逆正态分布随机变量。

4.4　随机变量的数学特征

前面我们讨论了随机变量的分布，分布函数（分布列或概率密度函数）能够完整地描述随机变量的统计特性。但对于一些分布，我们不需要找到或很难找到它们的分布函数，此时，只需要关心它们的数学特征，这其中包含期望、方差、协方差与相关系数。

4.4.1　期望

1. 离散型随机变量的期望

设离散型随机变量的概率分布为

$$P\{X=x_i\}=p_i \quad (i=1,2,\cdots)$$

若级数 $\sum_i x_i p_i$ 绝对收敛，即 $\sum_i |x_i| p_i$ 收敛，则称 $\sum_i x_i p_i$ 为随机变量 X 的期望，记作 $E(X)$，即

$$E(X)=\sum_i x_i p_i$$

数学期望的本质就是随机变量 X 的取值 x_i 的加权平均值，其中权数为概率。因而，把 $E(X)$ 称为 X 的加权平均值更能反映其本质。

【例 4-26】某种彩票以 10000 份为一个开奖组，在这 10000 份中，有 1 个一等奖，10 个二等奖，100 个三等奖，一等奖奖金 5000 元，二等奖奖金 200 元，三等奖奖金 10 元。某人买了 1 份这种彩票，预计他能得到多少奖金？

【解答】设 X 是某人能得到的奖金数。根据题意，如表 4-6 所示。

表 4-6　例 4-26 的概率分布表

	一等奖	二等奖	三等奖	不中奖
奖金数 X	5000	200	10	0
10000 份中的份数	1	10	100	9889
概率 p_i	0.0001	0.001	0.01	0.9889

要计算奖金数 X 的平均值，可以这样做：先求出 10000 份彩票总共可得到多少奖金，将奖金总数除以 10000，就是平均每份彩票可得到的奖金数，即

$$X \text{的平均值} = \frac{5000\times1+200\times10+10\times100+0\times9889}{10000}$$

也可以写成下列形式：

$$X \text{的平均值} = 5000\times\frac{1}{10000}+200\times\frac{10}{10000}+10\times\frac{100}{10000}+0\times\frac{9889}{10000}$$

$$= 5000\times0.0001+200\times0.001+10\times0.01+0\times0.9889$$

$$= 0.5 + 0.2 + 0.1 + 0 = 0.8$$

2. 连续型随机变量的期望

设连续型随机变量 X 的概率密度函数为 $f(x)$，若积分 $\int_{-\infty}^{+\infty} xf(x)\mathrm{d}x$ 绝对收敛，即 $\int_{-\infty}^{+\infty}|x|$ $f(x)\mathrm{d}x$ 收敛，则称积分 $\int_{-\infty}^{+\infty} xf(x)\mathrm{d}x$ 的值为连续型随机变量 X 的期望，记作 $E(X)$，即

$$E(X) = \int_{-\infty}^{+\infty} xf(x)\mathrm{d}x$$

【例 4-27】设随机变量 X 的概率密度函数为

$$f(x) = \begin{cases} 1+x, & -1 \leqslant x \leqslant 0 \\ 1-x, & 0 < x \leqslant 1 \\ 0, & 其他 \end{cases}$$

求 X 的数学期望 $E(X)$。

【解答】由数学期望的定义，利用定积分的区间可加性，可知

$$E(X) = \int_{-\infty}^{+\infty} xf(x)\mathrm{d}x = \int_{-1}^{0} x(1+x)\mathrm{d}x + \int_{0}^{1} x(1-x)\mathrm{d}x = 0$$

4.4.2　方差

设 X 为一随机变量，若 $E\{[X-E(X)]^2\}$ 存在，则称其为 X 的方差，记作 $D(X)$ 或 $\mathrm{Var}(X)$，即 $D(X) = E\{[X-E(X)]^2\}$，并称 $\sqrt{D(X)}$ 为 X 的标准差或均方差。

注意：$D(X)$ 也可以理解为 X 的函数 $[X-E(X)]^2$ 的数学期望。

方差描述的是随机变量取值的离散程度。显然，方差越大，随机变量取值越分散；方差越小，随机变量取值越集中。

（1）对于离散型随机变量 X，若其概率分布为 $P\{X = x_i\} = p_i$ $(i = 1, 2, \cdots)$，则

$$D(X) = \sum_i [x_i - E(X)]^2 p_i$$

（2）对于连续型随机变量 X，若其概率密度函数为 $f(x)$，则

$$D(X) = \int_{-\infty}^{+\infty} [x - E(X)]^2 f(x)\mathrm{d}x$$

计算方差的一个重要公式为

$$\begin{aligned} E\{[X-E(X)]^2\} &= E\{X^2 - 2XE(X) + [E(X)]^2\} \\ &= E(X^2) - 2E(X)E(X) + [E(X)]^2 \\ &= E(X^2) - [E(X)]^2 \end{aligned}$$

即 $D(X) = E(X^2) - [E(X)]^2$。

通过计算得到一些常见分布的数学期望及方差，如表 4-7 所示。

表 4-7　常用分布的数学期望及方差

分布名称	分布记号	概率分布	数学期望	方差
0-1 分布	$b(1, p)$	$P\{\xi = k\} = p^k(1-p)^{1-k}$ $k = 0, 1$	p	$p(1-p)$

分布名称	分布记号	概率分布	数学期望	方差
二项分布	$b(n,p)$	$P\{\xi=k\}=C_n^k p^k (1-p)^{n-k}$ $k=0,1,\cdots,n$	np	$np(1-p)$
泊松分布	$P(\lambda)$	$P\{\xi=k\}=\dfrac{\lambda^k}{k!}\mathrm{e}^{-\lambda}$ $k=0,1,2,\cdots$	λ	λ
几何分布	$g(p)$	$P\{\xi=k\}=(1-p)^{k-1}p$ $k=1,2,\cdots$	$\dfrac{1}{p}$	$\dfrac{1-p}{p^2}$
均匀分布	$U(a,b)$	$\phi(x)=\begin{cases}\dfrac{1}{b-a}, & a\leqslant x\leqslant b \\ 0, & \text{其他}\end{cases}$	$\dfrac{a+b}{2}$	$\dfrac{(b-a)^2}{12}$
指数分布	$E(\lambda)$	$\phi(x)=\begin{cases}\lambda\,\mathrm{e}^{-\lambda x}, & x>0 \\ 0, & x\leqslant 0\end{cases}$	$\dfrac{1}{\lambda}$	$\dfrac{1}{\lambda^2}$
正态分布	$N(\mu,\sigma^2)$	$\phi(x)=\dfrac{1}{\sqrt{2\pi}\sigma}\mathrm{e}^{-\frac{(x-\mu)^2}{2\sigma^2}}$	μ	σ^2

【**例 4-28**】设离散型随机变量 X 的概率分布为 $P\{X=0\}=0.2$，$P\{X=1\}=0.5$，$P\{X=2\}=0.3$，求 $E(X)$ 及 $D(X)$。

【**解答**】$E(X)=0\times0.2+1\times0.5+2\times0.3=1.1$

$E(X^2)=0^2\times0.2+1^2\times0.5+2^2\times0.3=1.7$

$D(X)=E(X^2)-[E(X)]^2=1.7-1.1^2=0.49$

【**例 4-29**】设随机变量 ξ 的概率密度函数为

$$f(x)=\begin{cases}2-2x, & 0<x<1 \\ 0, & \text{其他}\end{cases}$$

求 ξ 的数学期望 $E(\xi)$ 和方差 $D(\xi)$。

【**解答**】$E(\xi)=\displaystyle\int_{-\infty}^{+\infty}xf(x)\mathrm{d}x=\int_{-\infty}^{0}x\cdot0\mathrm{d}x+\int_{0}^{1}x(2-2x)\mathrm{d}x+\int_{1}^{+\infty}x\cdot0\mathrm{d}x=\frac{1}{3}$

$E(\xi)^2=\displaystyle\int_{-\infty}^{+\infty}x^2f(x)\mathrm{d}x=\int_{-\infty}^{0}x^2\cdot0\mathrm{d}x+\int_{0}^{1}x^2(2-2x)\mathrm{d}x+\int_{1}^{+\infty}x^2\cdot0\mathrm{d}x=\frac{1}{6}$

得 $D(\xi)=E(\xi)^2-[E(\xi)]^2=\dfrac{1}{6}-\left(\dfrac{1}{3}\right)^2=\dfrac{1}{18}$。

4.4.3 协方差与相关系数

1. 协方差

对于随机变量 ξ 和 η，若 $E[(\xi-E(\xi))(\eta-E(\eta))]$ 存在，则称为 ξ 和 η 的协方差，记作 $\mathrm{Cov}(\xi,\eta)$，即

$$\mathrm{Cov}(\xi,\eta)=E[(\xi-E(\xi))(\eta-E(\eta))]$$

2. 相关系数

对于随机变量 ξ 和 η，若 $D(\xi)D(\eta) \neq 0$，则称 $\dfrac{\mathrm{Cov}(\xi,\eta)}{\sqrt{D(\xi)}\sqrt{D(\eta)}}$ 为 ξ 和 η 的相关系数，记

作 $\rho_{\xi\eta}$，即 $\rho_{\xi\eta} = \dfrac{\mathrm{Cov}(\xi,\eta)}{\sqrt{D(\xi)}\sqrt{D(\eta)}}$。

若 $D(\xi)D(\eta) = 0$，则 $\rho_{\xi\eta} = 0$。

【**例 4-30**】在学习人工智能导论这门学科时，学生成绩的考核方式为过程性考核，各单元的考核得分情况如下：70，75，85，85，85，86，88，88，90，93。请给出这个学生的分数的特征。

【解答】在这次考试中出现最多的得分是 85，因此，众数是 85。将得分按照从小到大排序：70，75，85，85，85，86，88，88，90，93，因此，中位数为 85.5，均值为 84.5。

【程序代码】

```
import numpy as np
num=[88,90,70,75,93,85,85,88,86,85]
#求众数
c=np.bincount(num)
#用在 numpy 中建立元素出现次数的索引的方法求众数
num_mod=np.argmax(c)
#求中位数
num_med=np.median(num)
#求均值
num_mea=np.mean(num)
#求极差
num_ptp=np.ptp(num)
#求方差
num_var=np.var(num,ddof=1)
#用 n-1 计算方差#求标准差
num_std=np.std(num,ddof=1)
print("众数: ",num_mod)
print("中位数: ",num_med)
print("均值: ",num_mea)
print("极差: ",num_ptp)
print("方差: %5.2f"%num_var)
print("标准差: %5.2f"%num_std)
```

【运行结果】

```
众数：  85
中位数：  85.5
均值：  84.5
极差：  23
方差：  47.83
标准差：  6.92
```

【例 4-31】 编程求解相关系数。

相关系数有以下两种实现方法。

方法一：用 scipy.stats 中的 pearsonr() 函数计算两个参数之间的相关系数。

输出如下。

r：相关系数，在[−1, 1]之间。

p：两个参数之间的显著性水平，p 越小，相关系数越显著。

【程序代码】

```
import numpy as np
from scipy.stats import pearsonr
x=np.array([1,3,8,10,16,18,20])
y=np.array([4,5,6,9,11,15,17])
r,p=pearsonr(x,y)
print(r)
print(p)
```

【运行结果】

```
0.9651044580919392
0.0004287570546222082
```

方法二：利用相关系数的计算公式 $\rho_{\xi\eta} = \dfrac{\mathrm{Cov}(\xi,\eta)}{\sqrt{D(\xi)}\sqrt{D(\eta)}}$ 编程求解。

【程序代码】

```
import numpy as np
from scipy.stats import pearsonr
x=np.array([1,3,8,10,16,18,20])
y=np.array([4,5,6,9,11,15,17])
n=len(x)
s_xy=np.sum(np.sum(x*y))
s_x=np.sum(np.sum(x))
s_y=np.sum(np.sum(y))
s_x1=np.sum(np.sum(x*x))
s_y1=np.sum(np.sum(y*y))
r=(n*s_xy-s_x*s_y)/np.sqrt((n*s_x1-s_x*s_x)*(n*s_y1-s_y*s_y))
print(r)
```

【运行结果】

```
0.9651044580919393
```

4.5 常用统计量及参数估计

4.5.1 统计量

设 $X_1, X_2, \cdots, X_n$ 为总体 X 的一个容量为 n 的样本，它不包含总体 X 的任何未知参数，

称样本 $X_1, X_2, \cdots, X_n$ 的函数 $T(X_1, X_2, \cdots, X_n)$ 为一个统计量。

例如，$X_1, X_2, \cdots, X_n$ 为取自总体 $X \sim N(\mu, \sigma^2)$ 的一组样本，其中 μ、σ^2 未知，显然 $\sum_{i=1}^{n} X_i$ 和 $\sum_{i=1}^{n} X_i^2$ 是统计量，而 $\sum_{i=1}^{n}(X_i - \mu)^2$ 和 $\frac{1}{\sigma^2} \sum_{i=1}^{n} X_i^2$ 则不是统计量。

常用统计量如下。

样本均值 $\overline{X} = \frac{1}{n} \sum_{i=1}^{n} X_i$，其观测值为 $\overline{x} = \frac{1}{n} \sum_{i=1}^{n} x_i$。

样本方差 $S^2 = \frac{1}{n-1} \sum_{i=1}^{n}(X_i - \overline{X})^2$，其观测值为 $s^2 = \frac{1}{n-1} \sum_{i=1}^{n}(x_i - \overline{x})^2$。

样本 $X_1, X_2, \cdots, X_n$ 的观测值用相应的小写字母 $x_1, x_2, \cdots, x_n$ 表示。通常，$\overline{X}$ 反映总体 X 取值的平均水平，S^2 或 S 反映总体 X 取值的离散程度。

4.5.2　统计量的评价标准

针对母体的某一特征，可以构建多个统计量，在这些统计量中，孰优孰劣，可从以下几个方面来考虑。

1. 无偏性

设 $\hat{\theta}$ 是参数 θ 的估计，若 $E(\hat{\theta}) = \theta$，则称 $\hat{\theta}$ 是参数 θ 的无偏估计。

2. 有效性

设 $\hat{\theta}_1$、$\hat{\theta}_2$ 都是参数 θ 的无偏估计，若 $D(\hat{\theta}_1) \leq D(\hat{\theta}_2)$，则称 $\hat{\theta}_1$ 比 $\hat{\theta}_2$ 有效。

3. 一致性

设 $\hat{\theta}$ 是参数 θ 的估计，n 是样本容量，若对于任何 $\varepsilon > 0$，都有 $\lim_{n \to \infty} P\{|\hat{\theta} - \theta| < \varepsilon\} = 1$，则称 $\hat{\theta}$ 是参数 θ 的一致估计。

【例 4-32】设总体 $X \sim N(\mu, \sigma^2)$，(X_1, X_2) 是 X 的一个样本，证明 $\hat{\mu}_1 = \frac{2}{3} X_1 + \frac{1}{3} X_2$，$\hat{\mu}_2 = \frac{1}{2} X_1 + \frac{1}{2} X_2$ 都是 μ 的无偏估计，并比较哪一个估计更有效。

【解答】因为

$$E(\hat{\mu}_1) = \frac{2}{3} E(X_1) + \frac{1}{3} E(X_2) = \frac{2}{3} E(X) + \frac{1}{3} E(X) = E(X) = \mu$$

$$E(\hat{\mu}_2) = \frac{1}{2} E(X_1) + \frac{1}{2} E(X_2) = \frac{1}{2} E(X) + \frac{1}{2} E(X) = E(X) = \mu$$

所以 $\hat{\mu}_1$、$\hat{\mu}_2$ 都是 μ 的无偏估计。

因为

$$D(\hat{\mu}_1) = \frac{4}{9} D(X_1) + \frac{1}{9} D(X_2) = \frac{4}{9} D(X) + \frac{1}{9} D(X) = \frac{5}{9} D(X) = \frac{5}{9} \sigma^2$$

$$D(\hat{\mu}_2) = \frac{1}{4} D(X_1) + \frac{1}{4} D(X_2) = \frac{1}{4} D(X) + \frac{1}{4} D(X) = \frac{1}{2} D(X) = \frac{1}{2} \sigma^2$$

而 $\frac{1}{2}\sigma^2 < \frac{5}{9}\sigma^2$，即 $D(\hat{\mu}_2) < D(\hat{\mu}_1)$，所以 $\hat{\mu}_2$ 比 $\hat{\mu}_1$ 更有效。

4.6 参数估计

设总体 X 的分布函数 $F(x,\theta)$ 的形式已知，其中，参数 θ 未知（可以是一个或多个未知参数，多个未知参数时，θ 为一向量），$X_1,X_2,\cdots,X_n$ 为总体 X 的样本，对一个参数 θ 进行点估计，就是构造一个恰当的统计量 $\hat{\theta}(X_1,X_2,\cdots,X_n)$，用它的观察值 $\hat{\theta}(x_1,x_2,\cdots,x_n)$ 估计 θ，称 $\hat{\theta}(X_1,X_2,\cdots,X_n)$ 为 θ 的估计量，$\hat{\theta}(x_1,x_2,\cdots,x_n)$ 为 θ 的估计值，都简称 $\hat{\theta}$。

参数估计的基本思想为：已知某个随机样本满足某种概率分布，但是具体的参数不清楚，通过若干次试验，观察其结果，利用结果推出参数的估计值。

参数估计分为点估计与区间估计。

4.6.1 点估计

点估计主要有两种方法：矩估计法和极大似然估计法。

1. 矩估计法

矩估计法的基本思想是用样本矩去估计总体 X 的矩，从而建立一个或多个含参数的估计量方程，解此方程，得未知参数的估计量。

【例 4-33】设总体 X 服从参数为 p 的 0-1 分布，求 p 的矩估计量。

【解答】总体一阶矩 $\mu_1 = E(X) = p$，样本一阶矩为 $\overline{X} = \frac{1}{n}\sum_{i=1}^{n}X_i$，令 $p = \overline{X}$。

从而得 p 的矩估计量为

$$\hat{p} = \overline{X}$$

2. 极大似然估计法

极大似然估计法是一种概率论在统计学中的应用，它是参数估计的方法之一。极大似然估计法建立在这样的思想上：已知某个参数能使这个样本出现的概率最大，我们当然不会去选择其他出现概率小的样本，所以干脆就把这个参数作为估计的真实值。

极大似然估计法使用总体的概率分布或概率密度函数及样本提供的信息，得到未知参数的估计值。

求极大似然函数估计值的一般步骤如下：

- 写出似然函数；
- 对似然函数取对数，并整理；
- 求导数；
- 解似然方程。

（1）总体 X 是离散型随机变量，其概率分布为 $P\{X = x\} = p(x,\theta)\ (\theta \in \Theta)$，其中 Θ 是

θ 的取值范围。

设总体 X 的样本为 $X_1, X_2, \cdots, X_n$，则 $(X_1, X_2, \cdots, X_n)$ 的概率分布为

$$P\{X_1 = x_1, X_2 = x_2, \cdots, X_n = x_n\} = P\{X_1 = x_1\}P\{X_2 = x_2\}\cdots P\{X_n = x_n\}$$

$$= \prod_{i=1}^{n} P\{X_i = x_i\} = \prod_{i=1}^{n} p(x_i, \theta)$$

将 $x_1, x_2, \cdots, x_n$ 看作样本 $X_1, X_2, \cdots, X_n$ 的观察值，则上式是取到样本观察值的概率，即事件 $X_1 = x_1, X_2 = x_2, \cdots, X_n = x_n$ 发生的概率，它与 θ 的取值有关，是 θ 的函数，记作 $L(\theta) = \prod_{i=1}^{n} p(x_i, \theta)$，称 $L(\theta)$ 为样本的似然函数。

根据极大似然估计法的基本思想，θ 的选取应使抽样的具体结果（取到样本观察值 $x_1, x_2, \cdots, x_n$）发生的概率最大，即 $L(\theta)$ 取最大值，使 $L(\theta)$ 取最大值的 θ 记作 $\hat{\theta}$，即

$$L(\hat{\theta}) = \max_{\theta \in \Theta} L(\theta)$$

用 $\hat{\theta}$ 估计 θ，显然 $\hat{\theta}$ 与 $x_1, x_2, \cdots, x_n$ 有关，记作 $\hat{\theta}(x_1, x_2, \cdots, x_n)$，相应的统计量为 $\hat{\theta}(X_1, X_2, \cdots, X_n)$，称 $\hat{\theta}(X_1, X_2, \cdots, X_n)$ 为 θ 的极大似然估计量，$\hat{\theta}(x_1, x_2, \cdots, x_n)$ 为 θ 的极大似然估计值。

【例 4-34】设 X 服从参数为 p 的 0-1 分布：$P\{X=1\} = p$，$P\{X=0\} = 1-p$ $(0 < p < 1)$，求参数 p 的极大似然估计量。

【解答】设 $x_1, x_2, \cdots, x_n$ 是样本 $X_1, X_2, \cdots, X_n$ 的观察值，X 的概率分布又可以写为

$$P\{X = x\} = p^x (1-p)^{1-x} \quad (x = 0, 1)$$

建立似然函数

$$L(p) = \prod_{i=1}^{n} p^{x_i}(1-p)^{1-x_i} = p^{\sum_{i=1}^{n} x_i}(1-p)^{n-\sum_{i=1}^{n} x_i}$$

两边取对数得

$$\ln L(p) = (\sum_{i=1}^{n} x_i) \ln p + (n - \sum_{i=1}^{n} x_i) \ln(1-p)$$

令 $\dfrac{d\ln L(p)}{dp} = \dfrac{\sum_{i=1}^{n} x_i}{p} - \dfrac{n - \sum_{i=1}^{n} x_i}{1-p} = 0$，从而解得 p 的极大似然估计值为

$$\hat{p} = \frac{1}{n}\sum_{i=1}^{n} x_i = \overline{x}$$

由此可得 p 的极大似然估计量 $\hat{p} = \dfrac{1}{n}\sum_{i=1}^{n} X_i = \overline{X}$。

（2）若总体 X 是连续型随机变量，其概率密度函数为 $f(x, \theta)\,(\theta \in \Theta)$，$X$ 的样本为 $X_1, X_2, \cdots, X_n$，则样本的似然函数为

$$L(\theta) = \prod_{i=1}^{n} f(x_i, \theta)$$

为了求 θ 的极大似然估计量 $\hat{\theta}$，只需要求解 $L(\hat{\theta}) = \max_{\theta \in \Theta} L(\theta)$。

为计算方便，取 $L(\theta)$ 的对数 $\ln L(\theta)$，令 $\dfrac{\mathrm{d}\ln L(\theta)}{\mathrm{d}\theta}=0$，由此解得 θ，从而得到 θ 的极大似然估计值及极大似然估计量。

若未知参数 θ 是一个向量，则利用多元函数极值法进行求解。

【例 4-35】设 $X\sim N(\mu,\sigma^2)$，μ、σ^2 为未知参数，$X_1,X_2,\cdots,X_n$ 为 X 的一个样本，求 μ、σ^2 的极大似然估计量。

【解答】设 $x_1,x_2,\cdots,x_n$ 是样本 $X_1,X_2,\cdots,X_n$ 的观察值，X 的概率密度函数为

$$f(x,\mu,\sigma^2)=\frac{1}{\sqrt{2\pi}\sigma}\mathrm{e}^{-\frac{(x-\mu)^2}{2\sigma^2}}\quad(-\infty<x<\infty)$$

建立似然函数

$$L(\mu,\sigma^2)=\prod_{i=1}^{n}\frac{1}{\sqrt{2\pi}\sigma}\mathrm{e}^{-\frac{(x_i-\mu)^2}{2\sigma^2}}=(2\pi)^{-\frac{n}{2}}(\sigma^2)^{-\frac{n}{2}}\mathrm{e}^{-\frac{1}{2\sigma^2}\sum_{i=1}^{n}(x_i-\mu)^2}$$

两边取对数得

$$\ln L(\mu,\sigma^2)=-\frac{n}{2}\ln(2\pi)-\frac{n}{2}\ln\sigma^2-\frac{1}{2\sigma^2}\sum_{i=1}^{n}(x_i-\mu)^2$$

令 $\begin{cases}\dfrac{\partial\ln L(\mu,\sigma^2)}{\partial\mu}=\dfrac{1}{\sigma^2}\sum_{i=1}^{n}(x_i-\mu)=0\\[2mm]\dfrac{\partial\ln L(\mu,\sigma^2)}{\partial\sigma^2}=-\dfrac{n}{2\sigma^2}+\dfrac{1}{2\sigma^4}\sum_{i=1}^{n}(x_i-\mu)^2=0\end{cases}$，由此解得 μ、σ^2 的极大似然估计值分别为

$$\hat\mu=\frac{1}{n}\sum_{i=1}^{n}x_i=\bar x,\quad \hat\sigma^2=\frac{1}{n}\sum_{i=1}^{n}(x_i-\bar x)^2$$

从而有 μ、σ^2 的极大似然估计量分别为

$$\hat\mu=\frac{1}{n}\sum_{i=1}^{n}X_i=\bar X,\quad \hat\sigma^2=\frac{1}{n}\sum_{i=1}^{n}(X_i-\bar X)^2$$

4.6.2 区间估计

有时候，如果我们希望以一定的可信度，得到未知参数在的一定范围，这就是未知参数的区间估计问题。主要涉及两点：参数的范围，即区间；落在这个区间的可信度。对于这类问题，一般根据给定可信度确定区间。

1. 置信区间和置信度

设 θ 是总体 X 的分布函数 $F(x,\theta)$ 中的未知参数，对于给定的 $\alpha(0<\alpha<1)$，若由样本 $X_1,X_2,\cdots,X_n$ 确定两个统计量 $\underline\theta=\underline\theta(X_1,X_2,\cdots,X_n)$ 与 $\bar\theta=\bar\theta(X_1,X_2,\cdots,X_n)$ 满足 $P\{\underline\theta<\theta<\bar\theta\}=1-\alpha$，则称随机区间 $(\underline\theta,\bar\theta)$ 是 θ 的置信度为 $1-\alpha$ 的双侧置信区间，简称置信区间，分别称 $\underline\theta$ 和 $\bar\theta$ 为置信下限和置信上限。

根据问题的需要，有时还会求解单侧置信区间。

2. 置信区间确定

现以正态总体期望的区间估计问题，介绍置信区间的确定。

单个总体 $X \sim N(\mu, \sigma^2)$，且方差 σ^2 已知，对期望 μ 进行区间估计。

根据点估计原理，用 $\overline{X}$ 作为 μ 的点估计，由于 $\overline{X} \sim N(\mu, \dfrac{\sigma^2}{n})$，从而有 $\dfrac{\overline{X} - \mu}{\sqrt{\sigma^2 / n}} \sim$ $N(0,1)$。

令 $U = \dfrac{\overline{X} - \mu}{\sqrt{\sigma^2 / n}} \sim N(0,1)$，对于给定的 $\alpha(0 < \alpha < 1)$，$P\left\{|U| < u_{\frac{\alpha}{2}}\right\} = P\left\{\left|\dfrac{\overline{X} - \mu}{\sqrt{\sigma^2 / n}}\right| < u_{\frac{\alpha}{2}}\right\} = 1 - \alpha$，因此 $P\left\{-u_{\frac{\alpha}{2}} < \dfrac{\overline{X} - \mu}{\sqrt{\sigma^2 / n}} < u_{\frac{\alpha}{2}}\right\} = 1 - \alpha$，即

$$P\left\{\overline{X} - u_{\frac{\alpha}{2}}\sqrt{\dfrac{\sigma^2}{n}} < \mu < \overline{X} + u_{\frac{\alpha}{2}}\sqrt{\dfrac{\sigma^2}{n}}\right\} = 1 - \alpha$$

从而得到，μ 的置信度为 $1 - \alpha$ 的置信区间为 $\left(\overline{X} - u_{\frac{\alpha}{2}}\sqrt{\dfrac{\sigma^2}{n}}, \overline{X} + u_{\frac{\alpha}{2}}\sqrt{\dfrac{\sigma^2}{n}}\right)$，这是一个中点为 $\overline{X}$，长度为 $2u_{\frac{\alpha}{2}}\sqrt{\dfrac{\sigma^2}{n}}$ 的对称区间。

【例 4-36】某厂生产的化纤纤度 X 服从正态分布 $X \sim N(\mu, \sigma^2)$，已知 $\sigma^2 = 0.048^2$，现抽取 9 根纤维，测得其纤度为 1.36, 1.49, 1.43, 1.41, 1.37, 1.40, 1.32, 1.42, 1.47，求期望 μ 的置信度为 0.95 的置信区间。

【解答】根据题意得 $n = 9$，$\sigma^2 = 0.048^2$，计算得到 $\overline{x} = 1.408$，由上述公式得，期望 μ 的置信度为 0.95 的置信区间为 $(1.377, 1.439)$。

4.6.3　置信区间的程序实现

使用 scipy 库中的 stats 模块的 norm 类的 interval 方法可以求正态分布的总体均值的置信区间，其语法格式如下。

```
scipy.stats.norm.interval(alpha, loc=0, scale=1)
```

norm 类的 interval 方法常用的参数如下。

alpha：接收数值型，表示指定置信度，范围为[0, 1]，无默认值；

loc：接收数值型，表示平均值，默认为 0；

scale：接收数值型，表示标准差，默认为 1。

【例 4-37】为测得某种溶液中的甲醇浓度，取样得 4 个独立测量值的平均值 $X = 8.34\%$，样本标准差 $S = 0.03\%$，并设测量值近似服从正态分布，求总体均值 μ 的置信度为 0.95 的置信区间。

【程序代码】

```
from scipy import stats as sts
CI =sts.norm.interval(0.95,loc=8.34,scale=0.03)
print('置信区间为: ',CI)
```

【运行结果】

置信区间为: (8.281201080463799, 8.398798919536201)

实验4 数据统计与分析

学校随机抽取 100 名学生，测量他们的身高和体重，所得数据如表 4-8 所示。

表 4-8　学生的身高和体重

身高(cm)	体重(kg)	身高(cm)	体重(kg)	身高(cm)	体重(kg)	身高(cm)	体重(kg)
172	75	168	50	170	56	166	76
171	62	161	49	160	65	169	72
166	62	169	63	165	58	173	59
160	55	171	61	177	66	169	65
155	57	178	64	169	63	171	71
173	58	177	66	176	60	167	47
166	55	170	58	177	67	168	65
170	63	173	67	172	56	165	64
167	53	172	59	165	56	168	57
173	60	170	62	166	49	176	57
178	60	172	59	171	65	170	57
173	73	177	58	169	62	158	51
163	47	176	68	170	58	165	62
165	66	175	68	172	64	172	53
170	60	184	70	169	58	169	66
163	50	169	64	167	72	169	58
172	57	165	52	175	76	172	50
182	63	164	59	164	59	162	52
171	59	173	74	166	63	175	75
177	64	172	69	169	54	174	66
169	55	169	52	167	54	167	63
168	67	173	57	179	62	166	50
168	65	173	61	176	63	174	64
175	67	166	70	182	69	168	62
176	64	163	57	186	77	170	59

1. 实验目的

（1）掌握统计分析的相关概念及方法。

（2）掌握 Python 关于统计分析的常用函数。

2. 实验要求

（1）给统计数据求身高的均值、中位数、极差、方差、标准差；计算身高与体重的协方差、相关系数。

（2）计算身高和体重的偏度、峰度和样本的 25%、50%、90% 分位数。

（3）画出身高和体重的直方图，并统计从最小体重到最大体重，等间距分成 6 个小区间时，数据出现在每个小区间的频数。

3. 实验步骤

【程序代码 1】

```
from numpy import reshape,hstack,mean,median,ptp,var,std,cov,corrcoef
import pandas as pd
import xlrd
df=pd.read_excel("d:\shuju.xlsx")    #统计数据存放在 d:\shuju.xlsx 中
a=df.values   #将二维数据转化为一维数据
h=a[:,::2]    #提取奇数列身高数据
w=a[:,1::2]   #提取偶数列体重数据
h=reshape(h,(-1,1))    #转换成列向量
w=reshape(w,(-1,1))
hw=hstack([h,w])
print([mean(h),median(h),ptp(h),var(h),std(h)])   #计算均值、中位数、极差、方差、标准差
print("协方差为：%f\n 相关系数为：%f"%(cov(hw.T)[0,1],corrcoef(hw.T)[0,1]))
```

【运行结果】

```
[170.25, 170.0, 31, 28.8875, 5.374709294464213]
协方差为：16.982323
相关系数为：0.456097
```

【程序代码 2】

```
from numpy import reshape,c_
import pandas as pd
import xlrd
df=pd.read_excel("d:\shuju.xlsx")
a=df.values   #将二维数据转化为一维数据
h=a[:,::2]    #提取奇数列身高数据
w=a[:,1::2]   #提取偶数列体重数据
h=reshape(h,(-1,1))    #转换成列向量
w=reshape(w,(-1,1))
```

131

```
df=pd.DataFrame(c_[h,w],columns=["身高","体重"])
print("求得的描述统计量如下：\n",df.describe())
print("偏度为：\n",df.skew())
print("峰度为：\n",df.kurt())
print("25%分位数为：\n",df.quantile(0.25))
print("50%分位数为：\n",df.quantile(0.5))
print("90%分位数为：\n",df.quantile(0.9))
```

【运行结果】

```
求得的描述统计量如下：
            身高          体重
count  100.000000  100.000000
mean   170.250000   61.270000
std      5.401786    6.892911
min    155.000000   47.000000
25%    167.000000   57.000000
50%    170.000000   62.000000
75%    173.000000   65.250000
max    186.000000   77.000000
偏度为：
 身高    0.156868
体重    0.140148
dtype: float64
峰度为：
 身高    0.648742
体重   -0.290479
dtype: float64
25%分位数为：
 身高    167.0
体重     57.0
Name: 0.25, dtype: float64
50%分位数为：
 身高    170.0
体重     62.0
Name: 0.5, dtype: float64
90%分位数为：
 身高    177.0
体重     70.1
Name: 0.9, dtype: float64
```

【程序代码3】

```
from numpy import reshape,c_
import pandas as pd
```

```
import matplotlib.pyplot as plt
import xlrd
plt.rcParams["font.sans-serif"]=["SimHei"]  #设置字体
plt.rcParams["axes.unicode_minus"]=False
df=pd.read_excel("d:\shuju.xlsx")
a=df.values    #将二维数据转化为一维数据
h=a[:,::2]     #提取奇数列身高数据
w=a[:,1::2]    #提取偶数列体重数据
h=reshape(h,(-1,1))     #转换成列向量
w=reshape(w,(-1,1))
#plt.rc('font',size=16)
#plt.rc("font",family="SimHei")
plt.subplot(121)
plt.xlabel("身高")
plt.hist(h,10)
plt.subplot(122)
ps=plt.hist(w,6)
plt.xlabel("体重")
print("体重的频数表为: ",ps)
plt.savefig("figure4_8.png",dpi=500)
plt.show()
```

【运行结果】

体重的频数表为：(array([9, 13, 27, 31, 11, 9]), array([47, 52, 57, 62, 67, 72, 77]), <BarContainer object of 6 artists>)

运行结果如图 4-6 所示。

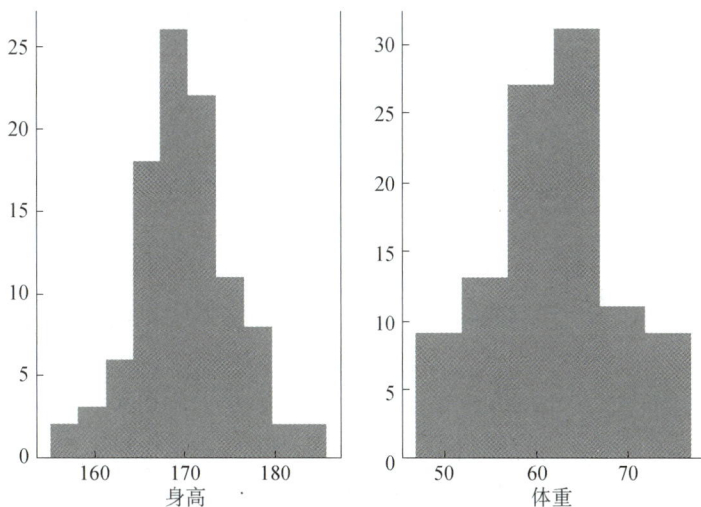

图 4-6　身高和体重的统计图

练习 4

1. 某水库的水位测量记录与观察时间如表 4-9 所示。

表 4-9　水位测量记录表

时间	0:00	1:00	2:00	3:00	4:00	5:00	6:00	7:00	8:00	9:00	10:00	11:00	12:00
水位(cm)	968	948	931	934	936	956	932	898	881	869	865	875	848

请统计水位的均值、中位数、极差、方差、标准差。

2. 有 3 个罐子，1 号装有 2 红 1 黑共 3 个球，2 号装有 3 红 1 黑共 4 个球，3 号装有 2 红 2 黑共 4 个球，某人从中随机取一个罐子，从该罐子中任意取出一球，求取得红球的概率。

3. 设有 4 个独立工作的元件 1、2、3、4，它们的可靠性分别为 p_1、p_2、p_3、p_4，4 个元件构成一个系统，如图 4-7 所示，求这个系统的可靠性。

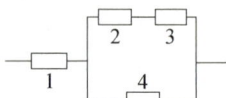

图 4-7　系统图

4. 已知某台机器生产的螺栓长度 X（单位：cm）服从参数 $\mu = 10.05$，$\sigma = 0.06$ 的正态分布，规定螺栓长度在 10.05 ± 0.12 内为合格品，试求螺栓为合格品的概率。

5. 设随机变量服从 0-1 分布，其概率分布为 $P\{X = 0\} = 1 - p$，$P\{X = 1\} = p$，求 $E(X)$、$D(X)$。

6. 设随机变量 x 服从指数分布，其概率密度函数为 $f(x) = \begin{cases} \dfrac{1}{\theta} e^{-\frac{x}{\theta}}, & x > 0 \\ 0, & x \leqslant 0 \end{cases}$，其中 $\theta > 0$，求 $E(X)$、$D(X)$。

练习 4　参考答案

第 5 章　最优化理论

人工智能本质上是一个最优化过程，不管是传统的机器学习、大热的深度学习，还是大有潜力的强化学习，它们的基础核心思想都可以提升到最优化问题。针对最优化问题的研究已有相当长的发展历史，对于不同的问题、不同的数学模型可构建出不同的算法。其中，牛顿迭代法、拉格朗日乘数法、梯度下降法等都是非常经典的最优化算法。但由于运算能力有限，这些算法只能解决一些小数据问题，同时，迭代次数相当有限。随着近年来高速计算机的出现，最优化的发展进入旺盛期，出现了大量新模型、新算法，如线性规划单纯形法、动态规划最优化、多目标决策等，它们不仅解决了之前手工无法计算而实现的最优化问题，而且提高了迭代次数及优化精度等。最优化模型及最优化问题的求解仍是人工智能领域最基本、最重要的研究领域。

为了将事物和问题转化为最优化模型，我们需要考虑 3 个要素：因素变量、目标函数和约束条件。首先根据事物和问题找到影响模型的所有因素变量，然后根据问题的需要建立一个目标函数，最后找到客观的限制条件，并作为模型的约束条件。

最优化理论主要研究判定给定目标函数的最大值（最小值）是否存在，若存在，如何求解目标函数的最大值（最小值）。人工智能绝大部分问题最后都会归结为一个最优化问题的求解：做出最优决策。最优化算法可能找到全局最优值，也可能找到局部最优值，在理想情况下，最优化算法的目标就是找到全局最优值。但当目标函数的输入参数较多、解空间较大时，绝大多数算法都不能满足全局搜索，只能找到局部最优值。

5.1　minimize 方法

最优化问题通常求解的是最小值。一般用 minimize 方法来实现，格式如下。

```
scipy.optimize.minimize(fun, x0, args=(), method=None, jac=None, hess=None,
hessp=None, bounds=None, constraints=(), tol=None, callback=None, options=None)
```

各参数说明如下。

fun：目标函数，fun(x,*args)->float，x 是一个一维数值 shape(n,)，args 是一个 tuple；

x0：初值，ndarray,shape(n,)；

args：参数，tuple；

method：优化方法，可选参数，通常可指定具体算法；

jac：雅可比矩阵，可选；

hess：hessian 矩阵，可选；

hessp：hessian*p 矩阵，可选；

bounds：x 的取值范围，可选，是一个(min,max)的序列；

constraints：约束条件；

tol：float,optional，优化精度；

callback：callable,optional；

options：dict,optional.包含 maxiter:int，最大循环次数，disp:bool，是否打印收敛信息。

【例 5-1】求函数 $y = 3x^4 - 8x^3 + 6x^2 + 7$ 的单调区间、极值点、极值及最小值。

【解答】该函数的定义域为 $(-\infty, +\infty)$；$y' = 12x^3 - 24x^2 + 12x = 12x(x-1)^2$，令 $y' = 0$，得驻点 $x = 0$，$x = 1$。

把 $x = 0$，$x = 1$ 按从小到大的顺序插入定义域 $(-\infty, +\infty)$，判断一阶导数 $y' = f'(x)$ 的符号，如表 5-1 所示，利用函数极值的充分条件做出判断。

表 5-1　一阶导数 $y' = f'(x)$ 的符号

x	$(-\infty,0)$	0	$(0,1)$	1	$(1,+\infty)$
y'	$-$	0	$+$	0	$+$
y	↘	极小值 7	↗	无极值	↗

可见函数 $y = 3x^4 - 8x^3 + 6x^2 + 7$ 的单调增区间为 $(0,+\infty)$，单调减区间为 $(-\infty,0)$；极小值点为 $x = 0$，极小值为 $f(0) = 7$。

由于函数只有唯一极小值，因此最小值为 $f(0) = 7$。

下面利用 scipy.optimize 包中的求最小值方法 fmin()来求解。

【程序代码】

```
import numpy as np
from scipy.optimize import fmin
import math
def f(x):
    return 3*math.pow(x, 4) - 8*math.pow(x, 3)+ 6*math.pow(x, 2)+7
print(fmin(func=f,x0=1))
```

【运行结果】

```
Optimization terminated successfully
        Current function value: 7.000000
        Iterations: 17
        Function evaluations: 34
[-8.8817842e-16]
```

【例 5-2】求函数 $f(x,y) = x^3 + 8y^3 - 6xy + 5$ 的极值。

【程序代码】

```
import numpy as np
from scipy.optimize import fmin
```

```
import math
def f(x):
    return math.pow(x[0],3)+\
8*math.pow(x[1],3)-6*x[0]*x[1]+5
#   func 为函数名，x0 为函数参数的起始点
print(fmin(func=f,x0=np.array([0,0])))
```

【运行结果】

```
Optimization terminated successfully
        Current function value: 4.000000
        Iterations: 63
        Function evaluations: 125
[1.00001456 0.50000945]
```

函数的最小值为 4。

注意：求最大值，可将函数改为 $-f(x)$ ，得到的结果为最小值，取负，即最大值。

一般地，决策问题归结为求最小值，也可能求最大值，当求 $f(X)$ 的最大值时，可转化为求 $-f(X)$ 的最小值。

5.2　多元函数无条件极值

5.2.1　无条件极值

极优解也称为局部最优解：对于 n 元函数 $f(X)$ ，若对于 $X_0 \in R^n$ ，存在 X_0 的某个邻域 $U(X_0,\delta)=\{X\,|\,\|X-X_0\|<\delta, X \in R^n\}$ 中的任意 X ，都有 $f(X_0) \leqslant f(X)$ ，则称 X_0 为问题的一个局部最优解，其中 $\delta>0$ ，$\|\cdot\|$ 表示 n 维向量的模，也表示距离，通常用欧氏距离表示，定义为 n 个分量平方和的平方根。

局部最优解为我们平常理解的极值，为一个局部概念，是指某领域内求解的最值。一个函数可能有多个局部最优解。

最优解也称为全局最优解：若存在点 $X^* \in D$ ，对于任意的 $X \in D$ ，总有 $f(X^*) \leqslant f(X)$ ，则称 X^* 为问题的最优解。

最优解为全局概念，一定是在局部最优解中去寻找的。通常局部最优解求解比较容易，而最优解一次求解相对较难。

为了求最优解，需要涉及几个重要表达式。

5.2.2　梯度、海赛矩阵与泰勒公式

在研究讨论最优解问题时，经常用到微积分。这其中通常要用到以下 3 个主要概念。

1. 梯度

若 $f(X)$ 在 X_0 的邻域内有连续一阶偏导数，则称 $f(X)$ 在点 X_0 对 n 个变元的偏导数组

成的向量为 $f(X)$ 在 X_0 的梯度，记作 $\nabla f(X_0)$ 或 $\mathbf{grad}f(X_0)$，即

$$\nabla f(X_0) = \mathbf{grad}f(X_0) = \left[\frac{\partial f(X)}{\partial x_1}, \frac{\partial f(X)}{\partial x_2}, \cdots, \frac{\partial f(X)}{\partial x_n}\right]^{\mathrm{T}}\Bigg|_{X_0}$$

梯度的本质是由偏导作为分量构成的向量。梯度向量的方向是函数值在该点增加最快的方向，即函数值下降速度最快的方向。

2. 海赛矩阵

若 $f(X)$ 在点 X_0 的邻域内有连续二阶偏导数，则称 $f(X)$ 在点 X_0 对 n 个变量所有的二阶偏导组成的矩阵为 $f(X)$ 在点 X_0 的海赛矩阵，记作 $\boldsymbol{H}(X_0)$，即

$$\boldsymbol{H}(X_0) = \left[\frac{\partial^2 f(X)}{\partial x_i \partial x_j}\right]_{n \times n}\Bigg|_{X=X_0} = \begin{bmatrix} \dfrac{\partial^2 f(X)}{\partial x_1^2} & \cdots & \dfrac{\partial^2 f(X)}{\partial x_1 \partial x_n} \\ \vdots & & \vdots \\ \dfrac{\partial^2 f(X)}{\partial x_n \partial x_1} & \cdots & \dfrac{\partial^2 f(X)}{\partial x_n^2} \end{bmatrix}_{X=X_0}$$

海赛矩阵为对称矩阵。

3. 泰勒公式

对于 n 元函数 $f(X)$，若 $f(X)$ 在点 X_0 的邻域内有连续二阶偏导数，则可写出 $f(X)$ 在点 X_0 的二阶泰勒公式：

$$f(X) = f(X_0) + \nabla f(X_0)^{\mathrm{T}}(X - X_0) + \frac{1}{2!}(X - X_0)^{\mathrm{T}}\boldsymbol{H}(X_0)(X - X_0) + o(\| X - X_0 \|)$$

式中，$o(\| X - X_0 \|)$ 为当 $X \to X_0$ 时 $\| X - X_0 \|$ 的高阶无穷小。

特别地，当 $f(X)$ 为一元函数时，其在点 x_0 处的泰勒公式为

$$f(x) = f(x_0) + f'(x_0)(x - x_0) + \frac{1}{2!}f''(x_0)(x - x_0)^2 + o(| x - x_0 |)$$

设二元函数 $f(x,y)$ 在点 $P_0(x_0, y_0)$ 的某邻域 $U(P_0)$ 内具有二阶连续偏导数，点 $P(x,y) \in U(P_0)$，则

$$f(x,y) = f(x_0, y_0) + f'_x(x_0, y_0)(x - x_0) + f'_y(x_0, y_0)(y - y_0)$$
$$+ \frac{1}{2!}[\frac{\partial^2(x_0, y_0)}{\partial x^2}(x - x_0)^2 + 2\frac{\partial^2(x_0, y_0)}{\partial x \partial y}(x - x_0)(y - y_0) + \frac{\partial^2(x_0, y_0)}{\partial y^2}(y - y_0)^2] + o(\rho)$$

式中，$\rho = \sqrt{(x - x_0)^2 + (y - y_0)^2}$，即点 (x,y) 到点 (x_0, y_0) 的距离。

【例 5-3】写出 $\cos x$ 的泰勒公式。

【解答】由以上公式可算得 $\cos x$ 的泰勒公式为

$$\cos x = 1 - \frac{1}{2!}x^2 + \frac{1}{4!}x^4 - \frac{1}{6!}x^6 + \cdots + \frac{(-1)^n}{(2n)!}x^{2n} + \cdots$$

【程序代码】

```
import numpy as np
import sympy as sy
```

```
import numpy as np
from sympy.functions import cos
import matplotlib.pyplot as plt
plt.rcParams['font.sans-serif']=['SimHei'] #指定默认字体
plt.rcParams['axes.unicode_minus']=False #解决负数坐标显示问题 #x 值
plt.style.use("ggplot")
x = sy.Symbol('x')
f =cos(x)
# 求阶乘
def factorial(n):
    if n <= 0:
        return 1
    else:
        return n*factorial(n-1)
def taylor(function,x0,n):
    i = 0
    p = 0
    while i <= n:
        p = p + (function.diff(x,i).subs(x,x0))/(factorial(i))*(x-x0)**i
        i += 1
    return p
def plot():
    x_lims = [-3,3]
    x1 = np.linspace(x_lims[0],x_lims[1],800)
    y1 = []
    for j in range(1,10,2):
        func = taylor(f,0,j)
        print('Taylor expansion at n='+str(j),func)
        for k in x1:
            y1.append(func.subs(x,k))
        plt.plot(x1,y1,label='前 '+str(j)+'项之和的图像')
        y1 = []
    plt.xlim(x_lims)
    plt.ylim([-5,5])
    plt.xlabel('x')
    plt.ylabel('y')
    plt.legend()
    plt.grid(True)
    plt.title('泰勒展开式前几项之和')
    plt.show()
plot()
```

【运行结果】

```
Taylor expansion at n=1 1
Taylor expansion at n=3 1-x**2/2
Taylor expansion at n=5 x**4/24 - x**2/2 + 1
```

```
Taylor expansion at n=7 -x**6/720 + x**4/24 - x**2/2 + 1
Taylor expansion at n=9 x**8/40320 - x**6/720 + x**4/24 - x**2/2 + 1
```

运行结果如图 5-1 所示。

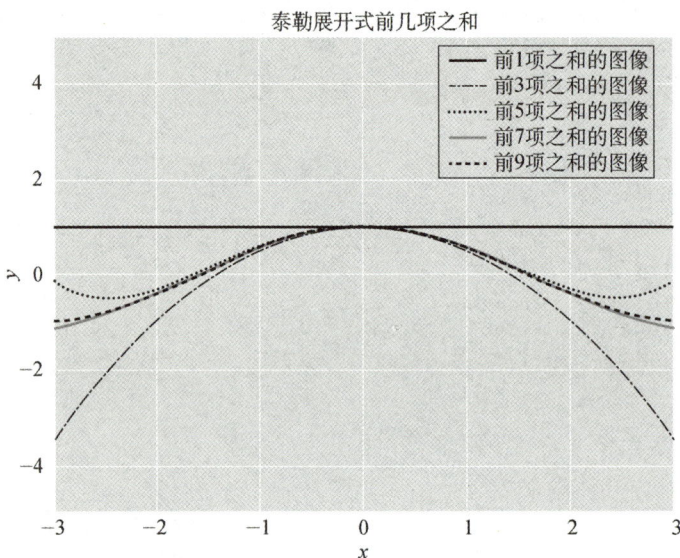

图 5-1　cos x 的泰勒展开式前几项之和

【例 5-4】写出函数 $f(X)=3x_1^2+\sin x_2$ 在点 $X_0=(0,0)$ 处的二阶泰勒公式。

【解答】函数 $f(X)$ 显然有二阶连续偏导数：

$$\frac{\partial f}{\partial x_1}=6x_1,\ \frac{\partial f}{\partial x_2}=\cos x_2$$

$$\frac{\partial^2 f}{\partial x_1^2}=6,\ \frac{\partial^2 f}{\partial x_1 \partial x_2}=0,\ \frac{\partial^2 f}{\partial x_2^2}=-\sin x_2$$

梯度为

$$\nabla f(X)=[6x_1\ \cos x_2]^T,\ \ \nabla f(X)\big|_{(0,0)}=[0\ 1]^T$$

海赛矩阵为

$$H(X)=\begin{bmatrix}6&0\\0&-\sin x_2\end{bmatrix}$$

$$H(X)\big|_{(0,0)}=\begin{bmatrix}6&0\\0&0\end{bmatrix}$$

又 $f(0,0)=0$，从而有 $f(X)$ 在点 $(0,0)$ 处的二阶泰勒展开式为

$$f(X)=0+[0\ 1]\begin{bmatrix}x_1\\x_2\end{bmatrix}+\frac{1}{2!}[x_1\ x_2]\begin{bmatrix}6&0\\0&0\end{bmatrix}\begin{bmatrix}x_1\\x_2\end{bmatrix}+o(\sqrt{x_1^2+x_2^2})=x_2+3x_1^2+o(\sqrt{x_1^2+x_2^2})$$

当 $\sqrt{x_1^2+x_2^2}\to 0$ 时，$f(X)\approx x_2+3x_1^2$。

可见，将一个函数进行泰勒展开的本质是用线性函数来近似表示非线性函数。在函数逼近、近似计算中有着广泛应用。

5.2.3　无条件极值的条件

多元函数取得极值的充要条件如下。

设 n 元函数 $f(X)$ 在点 X_0 处连续且二阶可导。$f(X)$ 在点 X_0 处取得极小值的必要条件为 $\nabla f(X_0) = 0$；充分条件为 $\nabla f(X_0) = 0$ 且 $\boldsymbol{H}(x_0) > 0$，即海赛矩阵正定。

【例 5-5】求函数 $f(X) = x_1^2 - 4x_1 + x_2^2 - 2x_2 + 5$ 的极小值。

【解答】$\nabla f(X) = \left[\dfrac{\partial f}{\partial x_1} \quad \dfrac{\partial f}{\partial x_2} \right]^{\mathrm{T}} = [2x_1 - 4 \quad 2x_2 - 2]^{\mathrm{T}}$

令 $\nabla f(X) = 0$，解得驻点 $X_0 = (2, 1)$：

$$\frac{\partial^2 f}{\partial x_1^2} = 2, \quad \frac{\partial^2 f}{\partial x_1 \partial x_2} = \frac{\partial^2 f}{\partial x_2 \partial x_1} = 0, \quad \frac{\partial^2 f}{\partial x_2^2} = 2$$

由于 $\boldsymbol{H}(X) = \begin{bmatrix} 2 & 0 \\ 0 & 2 \end{bmatrix}$，从而有 $\boldsymbol{H}(X_0) = \begin{bmatrix} 2 & 0 \\ 0 & 2 \end{bmatrix}$，显然 $\boldsymbol{H}(X_0) > 0$。故点 $(2, 1)$ 为函数 $f(X)$ 的极小值点，极小值为 0。

【程序代码】

```
import numpy as np
from scipy.optimize import fmin
import math
f= lambda x: math.pow(x[0],2)-4*x[0]+math.pow(x[1],2)-2*x[1]+5
#    func 为函数名，x0 为函数参数的起始点
print(fmin(func=f,x0=np.array([0,0])))
```

【运行结果】

```
Optimization terminated successfully
     Current function value: 0.000000
     Iterations: 66
     Function evaluations: 127
[2.00003382 0.99997307]
```

5.2.4　无条件极值问题的迭代算法

当函数 $f(x)$ 为可微函数时，理论上可以利用极值的条件求解。但由条件 $\nabla f(X) = 0$ 得到的通常是一个非线性方程组，求解它十分困难，有时很难求出其精确解，一般只能求其近似解。

为了求近似解，通常从某点出发，利用循环迭代法，进行逐步逼近，当满足一定精度要求时停止。其中沿不同的方向、不同的步长会产生不同的逼近算法。逼近算法的基本步骤如下。

（1）选取初始点 X_0，令 $k = 0$，并确定精度 ε。

（2）对于点 X_k，计算 $\nabla f(X_k)$，若 $\|\nabla f(X_k)\| < \varepsilon$，则停止，得到近似解 X_k；否则转到步骤（3）。

（3）从点 X_k 出发，确定下一步搜索方向 P_k。

（4）沿 P_k 方向搜索，即由 $X = X_k + \lambda P_k$ 确定搜索步长 λ_k，得到下一点 $X_{k+1} = X_k + \lambda_k P_k$，令 $k = k+1$，转到步骤（2）。

以上过程是一个不断达到最优的过程。

注意：（1）需要选择一个恰当的点 X_0。在整个迭代过程中，点 X_0 可以任意初始化。当然，选择一个比较好的点 X_0，可以大大减少迭代次数。如何选择恰当的点 X_0，主要是对目标函数本身有一个初步的判断。

（2）搜索方向 P_k 的确定具有关键作用，不同形式的 P_k 形成不同的算法，而不同的算法所产生的点列 $\{X_k\}$ 收敛于最优解 X^* 的速度也不相同。

（3）不同的迭代算法的主要区别在于 P_k 的选择及搜索步长 λ_k 的选择，如何确定搜索方向及搜索步长，现已成为人工智能研究的热点与重点。

（4）搜索方向 P_k 确定后，沿 P_k 搜寻下一个迭代点的工作主要由 $X = X_k + \lambda P_k$ 确定步长 λ_k。

（5）上述步骤（2）中的 $\|\nabla f(X_k)\| < \varepsilon$ 是一种常用的收敛准则。当然，我们也可以用其他收敛准则，如 $\| X_{k+1} - X_k \| < \varepsilon$ 来判断是否收敛。

【例 5-6】利用梯度下降法，编程求函数 $f = -\mathrm{e}^{-(x_1^2+x_2^2)}$ 的极小值点。

利用梯度下降法求极值点，可直接调用 numpy 库中的 grad() 方法。

【程序代码】

```
import math
import numpy as np
def func_2d(x):      #定义目标函数：x 为二维自变量
    return - math.exp(-(x[0] ** 2 + x[1] ** 2))
def grad_2d(x):      #定义梯度，由目标函数求偏导而得，返回二维向量
    deriv0 = 2 * x[0] * math.exp(-(x[0] ** 2 + x[1] ** 2))
    deriv1 = 2 * x[1] * math.exp(-(x[0] ** 2 + x[1] ** 2))
    return np.array([deriv0, deriv1])
def gradient_descent_2d(grad, cur_x=np.array([0.1, 0.1]), \
    learning_rate=0.01, precision=0.0001, max_iters=10000):
    print(f"{cur_x} 作为初始值开始迭代...")
    for i in range(max_iters):
        grad_cur = grad(cur_x)
        if np.linalg.norm(grad_cur, ord=2) < precision:
            break  # 当梯度趋近于 0 时，视为收敛
        cur_x = cur_x - grad_cur * learning_rate
        print("第", i, "次迭代：x 值为 ", cur_x)
    print(" 最小值点 x =", cur_x)
    return cur_x
if __name__ == '__main__':
    gradient_descent_2d(grad_2d, cur_x=np.array([1, -1]), \
    learning_rate=0.2, precision=0.000001, max_iters=10000)
```

【运行结果】

```
[1-1].作为初始值开始迭代...
第 0 次迭代：x 值为 [ 0.94586589 -0.94586589]
第 1 次迭代：x 值为 [ 0.88265443 -0.88265443]
第 2 次迭代：x 值为 [ 0.80832661 -0.80832661]
......
第 33 次迭代：x 值为 [ 5.31347319e-07 -5.31347319e-07]
第 34 次迭代：x 值为 [ 3.18808392e-07 -3.18808392e-07]
最小值点 x = [ 3.18808392e-07 -3.18808392e-07]
```

5.3 有条件极值

在求解实际问题时，经常会求解有条件极值问题，即建立目标函数时，通常需要一些附加条件。绝大部分情况是有一个目标函数，可能有多个附加条件。

同时，附加条件可能有多种形式，可能是线性的，也可能是非线性的；可能是等式，也可能是不等式。在处理附加条件时，一般需要进行规范、归一。

5.3.1 有条件极值模型

现通过一个具体问题来说明如何建立有条件极值模型。

在研究表面积与体积的关系时，通常有体积一定，表面积最小；表面积一定，体积最大两种情况。

【例 5-7】设计一个半球体和圆柱体相连接的构件，要求在体积一定的条件下确定构件的尺寸，使其表面积最小。

【解答】设该圆柱体的底面半径为 x_1，高为 x_2。由于该构件的表面由半球体顶面、圆柱体侧面和底面组成，因此表面积为

$$S = 2\pi x_1^2 + 2\pi x_1 x_2 + \pi x_1^2$$

该构件的体积为半球体和圆柱体之和，所以要使体积为定值 V，应该满足

$$\frac{2}{3}\pi x_1^3 + \pi x_1^2 x_2 = V$$

该构件的底面半径和圆柱体的高显然非负，故

$$x_1 \geqslant 0, \ x_2 \geqslant 0$$

目标函数为

$$\min(2\pi x_1^2 + 2\pi x_1 x_2 + \pi x_1^2)$$

约束条件为

$$\begin{cases} \dfrac{2}{3}\pi x_1^3 + \pi x_1^2 x_2 - V = 0 \\ x_1 \geqslant 0, \ x_2 \geqslant 0 \end{cases}$$

由以上问题可知，目标函数即最优化函数只有一个，决策变量及约束条件可能是零个、一个或多个。约束条件可以是等式，也可以是不等式。

一般地，构成最优化问题通常需要 3 个基本要素：决策变量（自变量）、目标函数、约束条件。

决策问题可能归结为求最小值，也可能求最大值。当求 $f(X)$ 的最大值时，可转化为求 $-f(X)$ 的最小值。当约束条件为 $g(X) \leq 0$ 时，可转化为 $-g(X) \geq 0$。

因而，可以对有条件最优化问题进行规范：决策问题归结为求最小值，约束条件归结为大于或等于。

从而得到最优化问题的一般性描述：记决策变量 $X = [x_1, x_2, \cdots, x_n]^T$，目标函数 $f(X) = f(x_1, x_2, \cdots, x_n)$，不等式的约束条件 $g_j(X) = g_j(x_1, x_2, \cdots, x_n) \geq 0 \ (j = 1, 2, \cdots, l)$，等式约束条件 $h_i(X) = h_i(x_1, x_2, \cdots, x_n) = 0 \ (i = 1, 2, \cdots, m)$，可写出单目标最优化模型的一般式为

$$目标函数：\quad \min f(X)$$

$$约束条件：\begin{cases} h_i(X) = 0 \ (i = 1, 2, \cdots, m) \\ g_j(X) \geq 0 \ (j = 1, 2, \cdots, l) \end{cases}$$

【例 5-8】求解 $\min f(X) = (x_1 - 2)^2 + (x_2 - 2)^2$，约束条件为 $x_1 + x_2 = 6$。

【解答】该问题可转化为从直线 $x_1 + x_2 = 6$ 上找一点，到点(2,2)的距离最短，可理解为以点(2,2)为圆心的某个圆与直线 $x_1 + x_2 = 6$ 的切点，即过点(2,2)作直线 $x_1 + x_2 = 6$ 的垂线产生的垂点，通过计算得切点为(3,3)。

此时，最优解为 $d = \sqrt{(3-2)^2 + (3-2)^2} = \sqrt{2}$。

从而有最优值为 $\sqrt{2}$。

【例 5-9】求解线性规划问题：

$$\min z = x_1 + x_2 + x_3$$

$$\begin{cases} x_1 + 4x_2 + 2x_3 \geq 8 \\ 3x_1 + 2x_2 \geq 6 \\ x_1、x_2、x_3 \geq 0 \end{cases}$$

注意：这是有条件极值模型中的一类线性规划问题，此类问题可通过线性单纯形法求解，也可通过调用 scipy 包中的 optimize.linprog 方法求解。

【程序代码】

```
import numpy as np
from scipy import optimize
z = np.array([1, 1, 1])
a = np.array([[1, 4, 2], [3, 2, 0]])
b = np.array([8, 6])
x1_bound = x2_bound = x3_bound =(0, None)
res = optimize.linprog(z, A_ub=-a, b_ub=-b,bounds=(x1_bound, x2_bound,\
x3_bound))
print(res)
```

【运行结果】

```
con: array([], dtype=float64)
```

```
    fun: 2.6000000024706917
message: 'Optimization terminated successfully.'
    nit: 4
  slack: array([ 2.54334633e-08, -3.99216660e-10])
 status: 0
success: True
      x: array([7.99999995e-01, 1.80000001e+00, 5.88880412e-11])
```

fun 为目标函数的最优值；slack 为松弛变量；status 表示优化结果状态；x 为最优解。

5.3.2 拉格朗日乘数法

如果对于约束条件只有等式限制，那么可通过构建拉格朗日函数进行极值求解。

寻求 $\min f(X)$，约束条件为 $h_i(X) = 0 \, (i = 1, 2, \cdots, m)$。

构建拉格朗日函数

$$L(X, \lambda) = f(X) + \sum_{i=1}^{m} \lambda_i h_i(X)$$

令 $\begin{cases} \dfrac{\partial L}{\partial x_1} = 0 \\ \quad\vdots \\ \dfrac{\partial L}{\partial x_n} = 0 \\ \dfrac{\partial L}{\partial \lambda_1} = 0 \\ \quad\vdots \\ \dfrac{\partial L}{\partial \lambda_n} = 0 \end{cases}$，得驻点，这些驻点为可能的最优解。

至于如何确定所求得的点为最优解，在实际问题中往往可根据问题本身的性质来判定。这种方法称为拉格朗日乘数法，即先构建拉格朗日函数，求出关于各个变量[包含 $x_i(i = 1, 2, \cdots, n)$ 和 $\lambda_j(j = 1, 2, \cdots, m)$]的偏导数，得驻点，这些驻点为可能的最优解，再根据题意进行判定。

【例 5-10】编程求函数 $f(X) = 60 - 10x_1 - 4x_2 + x_1^2 + x_2^2 - x_1 x_2$ 在条件 $x_1 + x_2 - 8 = 0$ 下的极小值。

【程序代码】

```
# 导入 sympy 包，用于求导、方程组求解等
from sympy import *
# 设置变量
x1 = symbols("x1")
x2 = symbols("x2")
alpha = symbols("alpha")
# 构建拉格朗日函数
```

```
L = 60 - 10 * x1 - 4 * x2 + x1 * x1 + x2 * x2 - x1 * x2 - alpha * (x1 + x2 -
8)
# 求导
difyL_x1 = diff(L, x1)  # 对变量 x1 求导
difyL_x2 = diff(L, x2)  # 对变量 x2 求导
difyL_alpha = diff(L, alpha)  # 对 alpha 求导
# 求解
aa = solve([difyL_x1, difyL_x2, difyL_alpha], [x1, x2, alpha])
print(aa)
x1 = aa.get(x1)
x2 = aa.get(x2)
alpha = aa.get(alpha)
print("最优解为: ", 60 - 10 * x1 - 4 * x2 + x1 * x1 + x2 * x2 - x1 * x2 \ -alpha
* (x1 + x2 - 8))
```

【运行结果】

```
{x1: 5, x2: 3, alpha: -3}
最优解为: 17
```

【例 5-11】利用 optimize 方法求解 $\begin{cases} \min \dfrac{2+x_1}{1+x_2} - 3x_1 + 4x_3 \\ 0.1 \leqslant x_i (i=1,2,3) \leqslant 0.9 \end{cases}$ 的最优解。

【程序代码】

```
from scipy.optimize import minimize
import numpy as np
def fun(args):
    a,b,c,d=args
    v=lambda x: (a+x[0])/(b+x[1]) -c*x[0]+d*x[2]
    return v
def con(args):
    # 约束条件分为 eq 和 ineq
    #eq 表示函数结果等于 0；  ineq 表示表达式大于或等于 0
    x1min, x1max, x2min, x2max,x3min,x3max = args
    cons = ({'type': 'ineq', 'fun': lambda x: x[0] - x1min},\
            {'type': 'ineq', 'fun': lambda x: -x[0] + x1max},\
            {'type': 'ineq', 'fun': lambda x: x[1] - x2min},\
             {'type': 'ineq', 'fun': lambda x: -x[1] + x2max},\
            {'type': 'ineq', 'fun': lambda x: x[2] - x3min},\
            {'type': 'ineq', 'fun': lambda x: -x[2] + x3max})
    return cons
if __name__ == "__main__":
    #定义常量值
    args = (2,1,3,4)  #a,b,c,d
    #设置参数范围/约束条件
```

```
args1 = (0.1,0.9,0.1, 0.9,0.1,0.9)  #x1min, x1max, x2min, x2max
cons = con(args1)
#设置初始猜测值
x0 = np.asarray((0.5,0.5,0.5))
res = minimize(fun(args), x0, method='SLSQP',constraints=cons)
print(res.fun)
print(res.success)
print(res.x)
```

【运行结果】

```
-0.773684210526435
True
[0.9 0.9 0.1]
```

注意：求最优解的函数为 scipy.optimize.minimize。

5.4 多目标优化

5.4.1 多目标优化模型

在单目标优化的情况下，目标函数只有一个，可行域的两个解都可以进行比较，从而得到最优解。但许多问题所研究的目标不止一个，从而形成多目标优化问题。例如，在自动驾驶过程中，安全驾驶、速度快、省油之间是相互制约的，这就构成了一个多目标优化问题。多目标优化的概念是在某个情景中需要达到多个目标时，由于容易存在目标间的内在冲突，一个目标的优化以其他目标的劣化为代价，因此很难出现唯一最优解，取而代之的是在目标间做出协调和折中处理，使总体的目标尽可能达到最优。

在人工智能诸多应用领域，如工程设计、基因工程、互联网推送等常常会出现多目标优化问题，处理这类问题的基本方法主要有两个：一是将多目标优化问题演变为单目标优化问题；二是在各个目标优化的基础上，获得一个最优解的集合，并选择所需的解来优化资源配置。

多目标优化模型的一般形式如下。

决策变量：$x_1,x_2,\cdots,x_n$。

目标函数：$\min f_1(x_1,x_2,\cdots,x_n),f_2(x_1,x_2,\cdots,x_n),\cdots,f_p(x_1,x_2,\cdots,x_n)$。

约束条件：$\begin{cases} g_1(x_1,x_2,\cdots,x_n)\geqslant 0 \\ \qquad\vdots \\ g_m(x_1,x_2,\cdots,x_n)\geqslant 0 \end{cases}$。

以向量形式描述如下。

记 $\boldsymbol{X}=[x_1,x_2,\cdots,x_n]^{\mathrm{T}}$，$\boldsymbol{F}(\boldsymbol{X})=[f_1(\boldsymbol{X}),f_2(\boldsymbol{X}),\cdots,f_p(\boldsymbol{X})]^{\mathrm{T}}$，$\boldsymbol{R}=\{\boldsymbol{X}\mid g_i(\boldsymbol{X})\geqslant 0,i=1,2,\cdots,m\}$。

模型的一般形式为

$$\begin{cases} \min F(X) \\ \text{约束集} \quad X \in \boldsymbol{R}, \boldsymbol{R} = \{X \mid g_i(X) \geqslant 0, i = 1, 2, \cdots, m\} \end{cases}$$

5.4.2 多目标优化的解法

求解多目标优化模型没有统一的解法，就是根据问题的特点和机器学习的目标，选择一个适当的算法，求得模型的相对有效解。由于在实际问题中，p 个目标的具体要求及纲量往往是不同的，所以需要先把每个目标归一、规范，然后进行数学上的处理。而目标纲量规范算法也很多，最常见的处理方法是先求出各个单目标的最大值，然后用此最大值去除目标函数，这样每个目标的最大值均为 1。

因此，以后总假定所讨论的多目标优化模型已经过了无量纲化处理。在机器学习中处理多目标优化问题时，根据实际问题，常用的算法如下。

评价函数法的基本思想是将多目标优化问题转化为单目标优化问题求解。将多目标优化问题映射为单目标优化问题，即构造一个把 p 个目标转化为一个数值目标的复合函数 $U[F(X)]$，作为问题的评价函数，也就是把原问题转化为

$$\min_{X \in R} U[F(X)]$$

常见的映射方法有线性加权法、理想点法。

1. 线性加权法

线性加权法就是取评价函数为各目标函数的线性加权，求 $U(F) = \lambda_1 f_1 + \lambda_2 f_2 + \cdots + \lambda_p f_p$，其中，$\lambda_1, \lambda_2, \cdots, \lambda_p$ 为相应目标的权系数，其大小代表相应目标 f_i 在模型中的重要程度，$\sum\limits_{i=1}^{p} \lambda_i = 1$。

2. 理想点法

设求出 p 个单目标函数的最优值为 $f_1^*, f_2^*, \cdots, f_p^*$，这些最优值也称为理想点。要求 p 个目标 $f_1(X), f_2(X), \cdots, f_p(X)$ 分别与各自最优值偏差尽量小，若对其中不同值的要求相差程度不完全一样，即有的要求重一些，有的轻一些，这时可采用加权，从而得到评价函数

$$U[f(X)] = \sum_{i=1}^{p} \lambda_i [f_i(X) - f_i^*]^2, \quad \sum_{i=1}^{p} \lambda_i = 1 \ (\lambda_i \geqslant 0)$$

【例 5-12】设目标函数为 $\begin{cases} \max f_1(X) = -3x_1 + 2x_2 \\ \max f_2(X) = 4x_1 + 3x_2 \end{cases}$，约束集 $D = \begin{cases} 2x_1 + 3x_2 \leqslant 18 \\ 2x_1 + x_2 \leqslant 1 \\ x_1, \ x_2 \geqslant 0 \\ x_1, x_2 \in R^2 \end{cases}$。

【解答】分别求解两个单目标问题：

$$\max_{X \in R^2} f_1(X), \quad \max_{X \in R^2} f_2(X)$$

取最优解为

$$X^{(1)} = (0, 6), \quad X^{(2)} = (3, 4)$$

对应的目标值为

$$f_1(X^{(1)}) = f_1(0,6) = f_1^* = 12$$
$$f_2(X^{(2)}) = f_2(3,4) = f_2^* = 24$$

故理想点为

$$F^* = (f_1^*, f_2^*) = (12, 24)$$

构建单目标函数，令

$$F = (-3x_1 + 2x_2 - 12)^2 + (4x_1 + 3x_2 - 24)^2$$

由此解出最优解为

$$X^* = (0.53, 5.65)$$

对应的目标值为

$$F^* = (f_1^*, f_2^*) = (9.71, 19.07)$$

实验 5　利用牛顿迭代法求解方程的根

设 x^* 是方程 $f(x) = 0$ 的根，x_1 是 $f(x) = 0$ 的初始近似解。

从点 x_1 出发，过点 $[x_1, f(x_1)]$ 作曲线 $y = f(x)$ 的切线，得切线方程 $y - f(x_1) = f'(x_1)(x - x_1)$。

令 $y = 0$，得

$$x_2 = x_1 - \frac{f(x_1)}{f'(x_1)}$$

从点 x_2 出发，按上述过程，进一步进行迭代，得

$$x_n = x_{n-1} - \frac{f(x_{n-1})}{f'(x_{n-1})}$$

从而得到序列 $x_1, x_2, \cdots, x_n$，根据给定的结束条件，逼近 x^*。这种方法称为牛顿迭代法。

1. 实验目的

（1）理解最优解的近似求解思想。
（2）掌握牛顿迭代法求解方程的根的原理。
（3）掌握 Python 的编程技巧。

2. 实验要求

（1）利用牛顿迭代法写出方程 $x^2 - 3x - e^x = 0$ 的迭代公式。
（2）编程求解方程 $x^2 - 3x - e^x = 0$ 的根。
（3）要求精度小于或等于 10^{-8}。

3. 实验步骤

令 $f(x) = x^2 - 3x - e^x$，$f'(x) = 2x - 3 - e^x$。
方程 $x^2 - 3x - e^x = 0$ 的根的迭代公式为

$$x_n = x_{n-1} - \frac{x^2 - 3x - \mathrm{e}^x}{2x - 3 - \mathrm{e}^x}$$

【程序代码】

```
import math
#  函数式
def f1(x,f):
    if f==0:
        return x**2-3*x-math.exp(x)
    else:
        return 2*x-3-math.exp(x)        #  函数式的求导
#  计算循环次数
count=0
#  设初始值为 2
x1=2
print("迭代初始值为：x=2")
i=x1-f1(x1,0)/f1(x1,1)
while (abs(x1-i)>=1e-8)&(f1(x1,1)!=0):
    #  print 的格式化输出，count 和 x1 去补前面两个空位
    print("迭代次数：%f,迭代值为:%f"%(count,x1))
    x2 = x1 - f1(x1, 0) / f1(x1, 1)
    i=x1
    #  暂时存储 x1 的值
    x1=x2
    count+=1
```

【运行结果】

```
迭代初始值为：x=2
迭代次数：0.000000,迭代值为:2.000000
迭代次数：1.000000,迭代值为:0.843482
迭代次数：2.000000,迭代值为:0.254220
迭代次数：3.000000,迭代值为:0.257529
迭代次数：4.000000,迭代值为:0.257530
```

练习5

1. 设函数 $f = 2x_1 + 3x_2 + 5x_3 + 2x_4 + 3x_5$，求其在条件

$$\begin{cases} x_1 + x_2 + 2x_3 + x_4 + 3x_5 \geqslant 4 \\ 2x_1 - x_2 + 3x_3 + x_4 + x_5 \geqslant 3 \\ x_1、x_2、x_3、x_4、x_5 \geqslant 0 \end{cases}$$

下的最优解。

2. 设函数 $f = 2x_1 - 3x_2$，求其在条件

$$\begin{cases} x_1 + x_2 \leqslant 3 \\ 4x_1 + x_2 \leqslant 9 \\ x_1、x_2 \geqslant 0 \end{cases}$$

下的最优解。

3. 利用梯度下降法，编程求函数 $f = x_1^2 + x_2^2$ 的极小值点。

4. 求函数 $f(x,y) = xe^{-\frac{x^2+y^2}{2}}$ 的极值。

5. 编程求函数 $f(X) = x_1 - 4x_2 + x_1^2 + x_2^2 - x_1x_2$ 在条件 $x_1 + x_2 = 5$ 下的极小值。

练习 5　参考答案

第6章 随机过程

随机过程是先由俄国数学家马尔可夫提出，后由蒙特卡罗加以发展而建立的一种随机问题分析方法。随机过程分析又称为马尔可夫分析，其应用领域十分广泛，包括生产存储系统、设备更新与维护、通信网络系统控制、航空订票、高速公路管理等。其基本思想是通过现在的状态来分析随机事件未来发展变化的趋势。

随机过程分析是以时间为变量的一种动态分析随机问题的主要方法。利用某变量现在的状态和动向去预测该变量未来的状态和动向，以预测未来某特定时期可能产生的变化，以便采取相应的对策。随机过程本身就是一系列随机变量，它与状态和时间有关。

6.1 马尔可夫链

假设某时刻状态转移的概率只依赖它的前一个状态，这样的转移变化过程称为马尔可夫链。马尔可夫链在很多时间序列模型中有着广泛应用，如循环神经网络、隐式马尔可夫模型、自然语言处理等。

6.1.1 随机过程

在某些现实系统中，描述系统过程特征的变量具有一定的随机性，而且系统状态随时间变化而变化，即系统状态变量在每个时间点上的取值都是随机的，同时，过程状态与时间相关。那么，对于这类系统就需要用以时间为参数的随机变量来描述，称系统状态的这种变化过程为随机过程。

例如，从时间 $t=0$ 开始记录某电话总机的呼叫次数，设 $t=0$ 时没有呼叫，到时间 t 的呼叫次数记作 N，则随机变量族 $\{N_t, t \geqslant 0\}$ 是随机过程。

下面给出随机过程的有关概念。

随机过程是指依赖一个变动参数 t 的一族随机过程 $\{N_t, t \geqslant 0\}$。变动参数 t 所有可以取值的集合 T 称为参数空间。$X(t)$ 的值所构成的集合 S 称为随机过程的状态空间。

按 S 和 T 是离散的还是连续的可将随机过程分为 4 类：过程连续、状态连续；过程离散、状态连续；过程连续、状态离散；过程离散、状态离散。

马尔可夫分析只涉及随机过程的一个子类，即所谓的马尔可夫过程。这类随机过程的特点是：若已知在时间 t 系统处于状态 X 的条件下，在时间 $\tau(\tau > t)$ 系统所处的状态与时间 t 以前系统所处的状态无关，此过程便为马尔可夫过程。马尔可夫过程具有无记忆性。

例如，在液面上放一微粒，其受到大量分子的碰撞，在液面上做不规则运动，这就是布朗运动。由物理学可知，在时间 t 的运动状态条件下，微粒在 t 以后的运动情况和微粒在 t 以前的运动情况无关。若以 $X(t)$ 表示微粒在时间 t 的位置，则 $X(t)$ 是马尔可夫过程。

6.1.2　概率矩阵

1. 概率向量

对于向量 $\boldsymbol{u}=(u_1,u_2,\cdots,u_n)^{\mathrm{T}}$，若 $u_i \geqslant 0$，且 $\sum_{i=1}^{n} u_i = 1$，则称 $\boldsymbol{u}$ 为概率向量。

2. 概率矩阵的概念及性质

在方阵 $\boldsymbol{P}=(p_{ij})_{n\times n}$ 中，若各个行向量都为概率向量，则称此方阵为概率矩阵或随机矩阵。

概率矩阵具有如下性质。

性质 1　设 $\boldsymbol{u} \in R^n$ 为一个概率向量，$\boldsymbol{A}=(a_{ij})_{n\times n}$ 是一个概率矩阵，则 $\boldsymbol{A}^{\mathrm{T}}\boldsymbol{u}=\boldsymbol{y}$ 也是一个概率向量。

这是因为

$$\boldsymbol{y}^{\mathrm{T}}=\boldsymbol{u}^{\mathrm{T}}\boldsymbol{A}=(u_1,u_2,\cdots,u_n)\begin{pmatrix} a_{11} & \cdots & a_{1n} \\ \vdots & & \vdots \\ a_{n1} & \cdots & a_{nn} \end{pmatrix}$$

$$=(\sum_{i=1}^{n}u_i a_{i1}, \sum_{i=1}^{n}u_i a_{i2}, \cdots, \sum_{i=1}^{n}u_i a_{in})$$

则 $\boldsymbol{y}^{\mathrm{T}}$ 各分量之和为

$$\sum_{j=1}^{n}y_j=\sum_{j=1}^{n}\sum_{i=1}^{n}u_i a_{ij}=\sum_{i=1}^{n}u_i(\sum_{j=1}^{n}a_{ij})=\sum_{i=1}^{n}u_i=1$$

从而有 $\boldsymbol{A}^{\mathrm{T}}\boldsymbol{u}$ 为一个概率向量。

性质 2　若 $\boldsymbol{A}$ 和 $\boldsymbol{B}$ 为概率矩阵，则 $\boldsymbol{AB}$、$\boldsymbol{A}^n$ 为概率矩阵。

用 $\boldsymbol{A}_i$ 表示由矩阵 $\boldsymbol{A}$ 的第 i 行组成的向量，由性质 1 知，$\boldsymbol{B}^{\mathrm{T}}\boldsymbol{A}_i$ 都是概率向量，而

$$\boldsymbol{AB}=\begin{pmatrix} \boldsymbol{A}_1^{\mathrm{T}}\boldsymbol{B} \\ \vdots \\ \boldsymbol{A}_n^{\mathrm{T}}\boldsymbol{B} \end{pmatrix}$$

故 $\boldsymbol{AB}$ 的每一行组成的向量均为概率向量，即 $\boldsymbol{AB}$ 为概率矩阵。同理可得 $\boldsymbol{A}^n$ 也为概率矩阵。

3. 正规概率矩阵

对于概率矩阵 $\boldsymbol{P}$，若存在 m，使 $\boldsymbol{P}^m$（m 为大于 1 的正整数）的所有元素都是正数，则称 $\boldsymbol{P}$ 为正规概率矩阵。

若概率矩阵 $\boldsymbol{P}=\begin{pmatrix} 0 & 1 \\ \dfrac{1}{2} & \dfrac{1}{2} \end{pmatrix}$，$\boldsymbol{P}^2=\begin{pmatrix} \dfrac{1}{2} & \dfrac{1}{2} \\ \dfrac{1}{4} & \dfrac{3}{4} \end{pmatrix}$，则 $\boldsymbol{P}$ 是一个正规概率矩阵。

若概率矩阵 $Q = \begin{pmatrix} 1 & 0 \\ \frac{1}{2} & \frac{1}{2} \end{pmatrix}$，$Q^2 = \begin{pmatrix} 1 & 0 \\ \frac{3}{4} & \frac{1}{4} \end{pmatrix}$，$Q^3 = \begin{pmatrix} 1 & 0 \\ \frac{7}{8} & \frac{1}{8} \end{pmatrix}$，$\cdots$，$Q^m = \begin{pmatrix} 1 & 0 \\ \frac{2^m - 1}{2^m} & \frac{1}{2^m} \end{pmatrix}$，则 Q 不是正规概率矩阵。这是因为，对于任意大于 1 的正整数 m，矩阵 Q^m 中的 q_{12} 元素总为 0。

若 A 是一个正规概率矩阵，则有如下性质。

（1）一定存在一个概率向量 X，使得 $A^\mathrm{T} X = X$ 成立，且 X 的各分量都为正数。

（2）A 的各次方幂 $A, A^2, A^3, \cdots$ 组成的序列会趋近于一个固定方阵 B，即 $A^k \to B$（$k \to \infty$），且 B 的每一行均为 X^T。

（3）设 u 为任意一个 n 维概率向量，则向量序列 $A^\mathrm{T} u, (A^2)^\mathrm{T} u, (A^3)^\mathrm{T} u, \cdots$ 趋近于概率向量 X，即 $(A^k)^\mathrm{T} u \to X(k \to \infty)$。

【例 6-1】试用矩阵 $A = \begin{pmatrix} 0 & 1 \\ \frac{1}{2} & \frac{1}{2} \end{pmatrix}$ 验证上述性质。

【解答】由于矩阵 $A = \begin{pmatrix} 0 & 1 \\ \frac{1}{2} & \frac{1}{2} \end{pmatrix}$ 中的每一行之和均为 1，因此 A 为概率矩阵。

由于 $A^2 = \begin{pmatrix} 0 & 1 \\ \frac{1}{2} & \frac{1}{2} \end{pmatrix}\begin{pmatrix} 0 & 1 \\ \frac{1}{2} & \frac{1}{2} \end{pmatrix} = \begin{pmatrix} \frac{1}{2} & \frac{1}{2} \\ \frac{1}{4} & \frac{3}{4} \end{pmatrix}$，因此 A 为正规概率矩阵。

设概率向量 $X = (x_1, x_2)^\mathrm{T}$ 满足 $A^\mathrm{T} X = X$，于是便得方程组 $\begin{cases} \frac{1}{2} x_2 = x_1 \\ x_1 + \frac{1}{2} x_2 = x_2 \end{cases}$，由 $x_1 + x_2 = 1$ 得一组解 $X = (x_1, x_2)^\mathrm{T} = (\frac{1}{3}, \frac{2}{3})^\mathrm{T}$。

进一步，矩阵序列 $A, A^2, A^3, \cdots$ 趋近于各行都以向量 X^T 构成的方阵 B 为

$$B = \begin{pmatrix} \frac{1}{3} & \frac{2}{3} \\ \frac{1}{3} & \frac{2}{3} \end{pmatrix}$$

事实上

$$A^2 = \begin{pmatrix} \frac{1}{2^1} & \frac{1}{2^1} \\ \frac{1}{2^2} & \frac{3}{2^2} \end{pmatrix}, A^3 = \begin{pmatrix} \frac{1}{2^2} & \frac{3}{2^2} \\ \frac{3}{2^3} & \frac{5}{2^3} \end{pmatrix}, A^4 = \begin{pmatrix} \frac{3}{2^3} & \frac{5}{2^3} \\ \frac{5}{2^4} & \frac{11}{2^4} \end{pmatrix}, \cdots, \to \begin{pmatrix} \frac{1}{3} & \frac{2}{3} \\ \frac{1}{3} & \frac{2}{3} \end{pmatrix}$$

另设 $u = (u_1, u_2)^\mathrm{T}$ 为任意一个概率向量，由 $A^k \to B(k \to \infty)$ 可得

$$(A^k)^\mathrm{T} u \to B^\mathrm{T} u$$

$$\boldsymbol{B}^{\mathrm{T}}\boldsymbol{u} = \begin{pmatrix} \dfrac{1}{3} & \dfrac{1}{3} \\ \dfrac{2}{3} & \dfrac{2}{3} \end{pmatrix}\begin{pmatrix} u_1 \\ u_2 \end{pmatrix} = \begin{pmatrix} \dfrac{1}{3}u_1 + \dfrac{1}{3}u_2 \\ \dfrac{2}{3}u_1 + \dfrac{2}{3}u_2 \end{pmatrix} = \begin{pmatrix} \dfrac{1}{3} \\ \dfrac{2}{3} \end{pmatrix}$$

6.1.3　马尔可夫链

1. 一阶马尔可夫链

设 $\{X_n, n=0,1,2,\cdots\}$ 是一个随机变量序列，用"$X_n = i$"表示时刻 n 系统处于状态 i 这一事件，称 $p_{ij}(n) = p\{X_{n+1} = j \mid X_n = i\}$ 为在事件"$X_n = i$"出现的条件下，下一步事件"$X_{n+1} = j$"出现的概率，又称为系统的一步转移概率。若对于任意的非负整数 $i_1, i_2, \cdots, i_{n-1}$，$i$，$j$ 及一切 $n \geqslant 0$，都有 $p(X_{n+1} = j \mid X_n = i, X_k = i_k, k = 1, 2, \cdots, n-1) = p(X_{n+1} = j \mid X_n = i) = p_{ij}(n)$，则称 $\{X_n, n=0,1,2,\cdots\}$ 是一阶马尔可夫链，也称为一阶马氏链。

马尔可夫链的定义说明，过程在每一时刻上的状态仅取决于前一时刻上的状态，而与之前的状态无关。这一性质便是马尔可夫链的无记忆性。

例如，某顾客每天都从一家商店买一包糖果。他购买糖果并不固定于一种品牌，商店中 A、B、C、D、E 五种品牌的糖果他都有可能购买。设 X_m 表示他在第 m 天购买的糖果品牌。若他只记得昨天购买的品牌，以前的都不记得了，那么 X_m 只与 X_{m-1} 有关，$\{X_m, m=1,2,3,\cdots\}$ 构成一个马尔可夫链。

进一步，若系统无论何时从状态 i 出发，经 k 步转移到状态 j 的概率都相同，则

$$p(X_{s+k} = j \mid X_s = i) = p(X_{k+1} = j \mid X_1 = i)$$

式中，i、j、k 为正整数；s 为任意正整数，称为 k 步转移马尔可夫链，也称为 k 步齐次马尔可夫链。而平时我们所称的齐次马尔可夫链通常指的是一步转移马尔可夫链，简称马尔可夫链。

若系统的一步转移概率 $p_{ij}(n) = p\{X_{n+1} = j \mid X_n = i\}$ 与初始时刻 n 无关，则可简记为 p_{ij}。

显然，一步转移概率具有如下性质。

（1）$p_{ij} \geqslant 0\,(i, j = 1, 2, \cdots, n)$。

（2）$\displaystyle\sum_{j=1}^{n} p_{ij} = 1\,(i = 1, 2, \cdots, n)$。

各状态之间的一步转移概率排成矩阵 $\boldsymbol{P} = \begin{pmatrix} p_{11} & p_{12} & \cdots & p_{1n} \\ p_{21} & p_{22} & \cdots & p_{2n} \\ \vdots & \vdots & & \vdots \\ p_{n1} & p_{n2} & \cdots & p_{nn} \end{pmatrix}$，称 $\boldsymbol{P}$ 为概率转移矩阵。

每个状态 i 对应矩阵 $\boldsymbol{P}$ 的第 i 行。若系统处于状态 i，则该行向量表示下次试验的所有可能结果的概率。因此，它是一个概率向量，所以矩阵 $\boldsymbol{P}$ 是一个概率矩阵。

概率转移矩阵 $\boldsymbol{P}$ 决定了各状态间的转移规律。

2. k 步转移概率与 k 步转移矩阵

p_{ij} 是系统从状态 i 一步转移到状态 j 的概率，那么，该系统从状态 i 恰好经 k 步转移到

状态 $j(i \rightarrow 1 \rightarrow 2 \rightarrow \cdots \rightarrow k-1 \rightarrow j)$ 的概率是多少呢？

这里，称条件概率 $p_{ij}^{(k)} = P\{X_{k+1} = j \mid X_1 = i\}$ 为从状态 i 到状态 j 的 k 步转移概率，并称矩阵 $\boldsymbol{P}^{(k)} = (p_{ij}^{(k)})_{n \times n}$ 为 k 步转移矩阵。显然，$\boldsymbol{P}^{(k)}$ 为概率矩阵，即

$$p_{ij}^{(k)} \geqslant 0 \ (i, j = 1, 2, \cdots, n)$$

$$\sum_{j=1}^{n} p_{ij}^{(k)} = 1 \ (i = 1, 2, \cdots, n)$$

第 k 步时的状态概率是初始状态概率与 k 步转移矩阵的乘积。一旦知道初始状态概率和一步转移矩阵，就可以完全确定马尔可夫链。

【例6-2】 若明日是否有雨仅与今日天气有关，而与过去的天气无关，并设今日有雨，则明日有雨的概率为 0.7，今日无雨而明日有雨的概率为 0.4；把有雨称为 0 状态天气，无雨称为 1 状态天气，则本例是一个两状态的马尔可夫链。它的一步转移矩阵为

$$\boldsymbol{P} = \begin{array}{c} \\ \text{今日有雨} \\ \text{今日无雨} \end{array} \begin{array}{cc} \text{明日有雨} & \text{明日无雨} \\ \begin{pmatrix} 0.7 & 0.3 \\ 0.4 & 0.6 \end{pmatrix} \end{array}$$

于是，两步转移矩阵为

$$\boldsymbol{P}^{(2)} = \boldsymbol{P} \cdot \boldsymbol{P} = \begin{pmatrix} 0.7 & 0.3 \\ 0.4 & 0.6 \end{pmatrix}\begin{pmatrix} 0.7 & 0.3 \\ 0.4 & 0.6 \end{pmatrix} = \begin{pmatrix} 0.61 & 0.39 \\ 0.52 & 0.48 \end{pmatrix}$$

$$\boldsymbol{P}^{(4)} = \boldsymbol{P}^{(2)} \cdot \boldsymbol{P}^{(2)} = \begin{pmatrix} 0.61 & 0.39 \\ 0.52 & 0.48 \end{pmatrix}\begin{pmatrix} 0.61 & 0.39 \\ 0.52 & 0.48 \end{pmatrix} = \begin{pmatrix} 0.5749 & 0.4251 \\ 0.5668 & 0.4332 \end{pmatrix}$$

由此可见，今日有雨第五日仍有雨的概率为 $\boldsymbol{P}_{11}^{(4)} = 0.5749$，今日有雨第五日无雨的概率为 $\boldsymbol{P}_{12}^{(4)} = 0.4251$。

3. 稳态概率

根据马尔可夫链假设，对于一个马尔可夫链，若已知初始状态概率 $\lambda_i^{(0)} = P\{X_0 = i\}$ 和一步转移矩阵 $\boldsymbol{P}$，就可以求出在任意时刻系统处于某种状态的概率 $\lambda_j^{(n)} = P\{X_n = j\}$。这时，$\lambda_j^{(n)} = P\{X_n = j\}$ 为系统瞬间概率。在实际应用中，最感兴趣的是当 $n \rightarrow \infty$ 时，在统计平衡条件下系统所处状态的概率分布。下面讨论当 $n \rightarrow \infty$ 时马尔可夫链的变化。

定义 若极限 $\lim_{n \rightarrow \infty} \lambda_j^{(n)} = \lambda_j^*$ 存在，且 $\sum_j \lambda_j^* = 1$，则称 $\{\lambda_j^*\}$ 为系统的平稳分布，$\boldsymbol{\lambda}^* = \{\lambda_1^*, \lambda_2^*, \lambda_3^*, \cdots, \lambda_n^*\}$ 为系统的稳态概率向量。

稳态概率分布具有如下性质。

（1）稳态概率分布与初始概率分布无关。

（2）若马尔可夫链是标准的，即它的概率转移矩阵 $\boldsymbol{P}$ 是一个正规概率矩阵，则存在一个概率向量 $\boldsymbol{\lambda}^* = \{\lambda_1^*, \lambda_2^*, \lambda_3^*, \cdots, \lambda_n^*\}$，满足

$$\boldsymbol{P}^{\mathrm{T}} \boldsymbol{\lambda}^* = \boldsymbol{\lambda}^*$$

λ_j^* 为状态 j 的稳态概率；$\boldsymbol{\lambda}^*$ 为稳态概率向量。

显然，若转移矩阵为正规概率矩阵，则系统必然存在平衡状态，即最终达到完全与初

始状态无关的一种平衡状态。由正规概率矩阵的性质不难得出，$P^{\mathrm{T}} \boldsymbol{\lambda}^* = \boldsymbol{\lambda}^*$ 成立。

事实上，性质（2）也可以理解为由于

$$\lambda_k = (P^k)^{\mathrm{T}} \lambda_0 = P^{\mathrm{T}} \cdot (P^{k-1})^{\mathrm{T}} \lambda_0 = P^{\mathrm{T}} \lambda_{k-1}$$

即随着步数的增大，有

$$\lim_{k \to \infty} \lambda_k = \lim_{k \to \infty} \lambda_{k-1} = \boldsymbol{\lambda}^*$$

由上式知，$\boldsymbol{\lambda}^* = P^{\mathrm{T}} \boldsymbol{\lambda}^*$。

性质（2）同时给出了一个求解稳态概率向量的方法，结合 $\sum_{i=1}^{n} x_i = 1$，有

$$\begin{cases} P^{\mathrm{T}} X = X & （1） \\ \sum_{i=1}^{n} x_i = 1 & （2） \end{cases}$$

式中，$X = (x_1, x_2, \cdots, x_n)^{\mathrm{T}}$，式（1）称为平衡方程。尽管在平衡方程中变量数与方程数相等，但在概率转移矩阵中必须满足每行元素之和为 1，所以应联合式（2），式（2）称为规范化方程。

求解上述方程组，即可得到稳态概率向量 X。

【例 6-3】一步转移矩阵 $P = \begin{pmatrix} 0.2 & 0.5 & 0.3 \\ 0.2 & 0.7 & 0.1 \\ 0.3 & 0.3 & 0.4 \end{pmatrix}$，若 P 为正规概率矩阵，则系统必存在唯

一稳态概率向量 $X = (x_1, x_2, x_3)^{\mathrm{T}}$，由上式可得

$$\begin{cases} 0.2x_1 + 0.2x_2 + 0.3x_3 = x_1 \\ 0.5x_1 + 0.7x_2 + 0.3x_3 = x_2 \\ 0.3x_1 + 0.1x_2 + 0.4x_3 = x_3 \\ x_1 + x_2 + x_3 = 1 \end{cases}$$

解得 $X = (0.22, 0.57, 0.21)^{\mathrm{T}}$，即平稳状态下的概率。

综上所述，一般的齐次马尔可夫链具有如下性质。

（1）概率转移矩阵 P 是一个概率矩阵。

（2）n 步转移矩阵等于一步转移矩阵的 n 次方，即 $P^{(n)} = P^n$，且 n 步转移概率 $p_{ij}^{(n)} = \sum_{k} p_{ik}^{(m)} \cdot p_{kj}^{(n-m)}$。

（3）第 k 步的状态概率向量 λ_k 与初始概率向量 λ_0 有如下关系：

$$\lambda_k = (P^k)^{\mathrm{T}} \lambda_0$$

（4）若概率转移矩阵 P 是一个正规概率矩阵，则系统存在一个唯一的稳态概率向量 $\boldsymbol{\lambda}^* = (\lambda_1^*, \lambda_2^*, \lambda_3^*, \cdots, \lambda_n^*)$，使得 $P^{\mathrm{T}} \boldsymbol{\lambda}^* = \boldsymbol{\lambda}^*$。

① 当 $P^{(k)} \to B(k \to \infty)$ 时，B 的每行向量都相同，全为 $(\boldsymbol{\lambda}^*)^{\mathrm{T}}$。

② $\lambda_k = (P^k)^{\mathrm{T}} \lambda_0 \to \boldsymbol{\lambda}^* (k \to \infty)$，即 $\lim_{k \to \infty} p(X_k = j) = \lambda_j^*$。

其中，$\boldsymbol{\lambda}^*$ 与 λ_0 无关。

换言之，此时齐次马尔可夫链在经历一定时间的状态转移后，会趋近于一种与初始状

态无关的稳定状态。

【例 6-4】某小区的居民主要订购 A、B、C 三个品牌的牛奶，由于口味、广告、服务等原因，订户在一段时间内常从一个品牌转移到其他品牌。通过一段时间的统计调查发现，每个月到下个月的品牌概率转移矩阵为

$$\begin{array}{ccc} & \text{A} & \text{B} & \text{C} \end{array}$$
$$\begin{array}{c} \text{A} \\ \text{B} \\ \text{C} \end{array} \begin{pmatrix} 0.80 & 0.10 & 0.10 \\ 0.07 & 0.90 & 0.03 \\ 0.083 & 0.067 & 0.85 \end{pmatrix}$$

现 A、B、C 三个品牌的市场占有率分别为 22%、49%、29%，下个月三个品牌的占有率为

$$(0.22, 0.49, 0.29) \begin{pmatrix} 0.80 & 0.10 & 0.10 \\ 0.07 & 0.90 & 0.03 \\ 0.083 & 0.067 & 0.85 \end{pmatrix} = (0.234, 0.483, 0.283)$$

再下个月的占有率为

$$(0.234, 0.483, 0.283) \begin{pmatrix} 0.80 & 0.10 & 0.10 \\ 0.07 & 0.90 & 0.03 \\ 0.083 & 0.067 & 0.85 \end{pmatrix} = (0.245, 0.477, 0.278)$$

随着市场的不断调整，A、B、C 三个品牌的最终市场占有率分别为 λ_1、λ_2、λ_3，根据马尔可夫链状态转移的稳定性，有

$$\begin{cases} 0.8\lambda_1 + 0.07\lambda_2 + 0.083\lambda_3 = \lambda_1 \\ 0.1\lambda_1 + 0.9\lambda_2 + 0.067\lambda_3 = \lambda_2 \\ 0.1\lambda_1 + 0.03\lambda_2 + 0.85\lambda_3 = \lambda_3 \\ \lambda_1 + \lambda_2 + \lambda_3 = 1 \end{cases}$$

由于方程组前三个方程中任意一个都能被另外两个线性表示，所以可以在前三个方程中任意取两个与第四个方程进行计算。

方程组变形为

$$\begin{cases} -0.2\lambda_1 + 0.07\lambda_2 + 0.083\lambda_3 = 0 \\ 0.1\lambda_1 - 0.1\lambda_2 + 0.067\lambda_3 = 0 \\ \lambda_1 + \lambda_2 + \lambda_3 = 1 \end{cases}$$

解得 $\lambda_1 = 0.272$，$\lambda_2 = 0.455$，$\lambda_3 = 0.273$。

可见，随着市场的不断调整，A、B、C 三个品牌的市场占有率渐渐稳定下来。其中，A 品牌占 27.2%，B 品牌占 45.5%，C 品牌占 27.3%。

【程序代码】

```
import numpy as np
A=np.array([[-0.2,0.07,0.083],[0.1,-0.1,0.067],[1,1,1]])
b=np.array([0,0,1])
x=np.linalg.solve(A,b)
print(x)
```

【运行结果】

```
[0.27238415 0.45502202 0.27259384]
```

6.2　吸收马尔可夫链

吸收马尔可夫链是马尔可夫链的一种特殊类型。

6.2.1　吸收马尔可夫链概念

在马尔可夫链中，如果 $p_{ii}=1$，即到达状态 i 后，永久停留在 i，不可能转移到其他任何状态，就称状态 i 为吸收状态或吸收态，否则为非吸收态。如果一个马尔可夫链中至少包含一个吸收态，并且从每个非吸收态出发，都可以到达某个吸收态，那么这个马尔可夫链称为吸收马尔可夫链。

【例 6-5】假设订购牛奶用户的保持与丧失的概率转移矩阵为
$$\begin{array}{c}A\\B\\C\end{array}\begin{pmatrix}0.90 & 0.05 & 0.05\\0.15 & 0.75 & 0.10\\0 & 0 & 1.0\end{pmatrix}$$
（列标 A B C）。因为 C 品牌从不丧失一个订户，而其余牛奶品牌不断地把订户丧失给 C 品牌，因此 C 品牌迟早会拥有所有的订户。C 为一个吸收态，这是一个单一的槽或盆。

【例 6-6】甲、乙两人进行比赛，每局比赛中甲胜的概率是 p，乙胜的概率是 q，和局概率为 $r(p+q+r=1)$。每局比赛后，胜者记"+1"分，负者记"–1"分，和局不记分，当有一人获得 2 分时比赛结束。以 X_n 表示比赛到第 n 局的分数，则 $\{X_n,n=1,2,\cdots\}$ 就是一个吸收马尔可夫链。

事实上，它共有五个状态，状态空间 $I=\{-2,-1,0,1,2\}$，一步转移矩阵为

$$\boldsymbol{P}=\begin{pmatrix}1 & 0 & 0 & 0 & 0\\q & r & p & 0 & 0\\0 & q & r & p & 0\\0 & 0 & q & r & p\\0 & 0 & 0 & 0 & 1\end{pmatrix}$$

式中，$p_{11}=1$，$p_{55}=1$，这表明状态 1、5 都是吸收态。这里状态 1 意味着甲得–2 分，甲输，比赛结束。因此，可认为 X_n 一直停留在状态 1，状态 5 类似。由题意知，其余三个非吸收态可能经若干次转移后到达吸收态。

当某一过程到达吸收态时，称它为"被吸收"。可以证明，吸收马尔可夫链将被吸收的概率为 1，或者说吸收马尔可夫链经过 n 步后，到达非吸收态的概率趋近于零。

对于吸收马尔可夫链，讨论以下两个问题。

（1）过程被吸收前，在非吸收态之间转移的平均次数。

（2）过程从非吸收态出发最终进入吸收态的概率。

6.2.2 吸收马尔可夫链 n 步转移矩阵

事实上，对于一个有 r 个吸收态和 s 个非吸收态的马尔可夫链。经过适当排列（将吸收态集中到一起排列在前面）的一步转移矩阵 $\boldsymbol{P}$ 总可以表示为

$$
\begin{array}{ccc}
& r\text{个吸收态} & s\text{个非吸收态} \\
r\text{个吸收态} & \boldsymbol{I} & \boldsymbol{O} \\
s\text{个非吸收态} & \boldsymbol{R} & \boldsymbol{Q}
\end{array}
$$

将上式理解为分块矩阵，其中，子阵 $\boldsymbol{I}$ 是一个 $r \times r$ 阶的单位矩阵，它的元素是吸收态之间的转移概率；子阵 $\boldsymbol{O}$ 是一个 $r \times s$ 阶的零矩阵，它的元素是吸收态到非吸收态的转移概率；子阵 $\boldsymbol{R}$ 是一个 $s \times r$ 阶的子阵，它的元素是非吸收态到吸收态的转移概率；子阵 $\boldsymbol{Q}$ 是一个 $s \times s$ 阶的子阵，它的元素是非吸收态之间的转移概率。

利用分块矩阵的运算性质，可以得到 n 步转移矩阵 $\boldsymbol{P}^{(n)}$ 的分块为

$$\boldsymbol{P}^{(2)} = \begin{pmatrix} \boldsymbol{I} & \boldsymbol{O} \\ \boldsymbol{R} & \boldsymbol{Q} \end{pmatrix} \begin{pmatrix} \boldsymbol{I} & \boldsymbol{O} \\ \boldsymbol{R} & \boldsymbol{Q} \end{pmatrix} = \begin{pmatrix} \boldsymbol{I} & \boldsymbol{O} \\ \boldsymbol{QR}+\boldsymbol{R} & \boldsymbol{Q}^2 \end{pmatrix}$$

$$\boldsymbol{P}^{(3)} = \begin{pmatrix} \boldsymbol{I} & \boldsymbol{O} \\ \boldsymbol{QR}+\boldsymbol{R} & \boldsymbol{Q}^2 \end{pmatrix} \begin{pmatrix} \boldsymbol{I} & \boldsymbol{O} \\ \boldsymbol{R} & \boldsymbol{Q} \end{pmatrix} = \begin{pmatrix} \boldsymbol{I} & \boldsymbol{O} \\ \boldsymbol{Q}^2\boldsymbol{R}+\boldsymbol{QR}+\boldsymbol{R}^2 & \boldsymbol{Q}^3 \end{pmatrix}$$

$$\vdots$$

$$\boldsymbol{P}^{(n)} = \begin{pmatrix} \boldsymbol{I} & \boldsymbol{O} \\ \boldsymbol{Q}^{n-1}\boldsymbol{R}+\boldsymbol{Q}^{n-2}\boldsymbol{R}+\cdots+\boldsymbol{R} & \boldsymbol{Q}^n \end{pmatrix} = \begin{pmatrix} \boldsymbol{I} & \boldsymbol{O} \\ [\boldsymbol{I}-\boldsymbol{Q}]^{-1}[\boldsymbol{I}^n-\boldsymbol{Q}^n]\boldsymbol{R} & \boldsymbol{Q}^n \end{pmatrix}$$

式中，$\boldsymbol{Q}^n$ 表示非吸收态之间的 n 步转移矩阵；$[\boldsymbol{I}-\boldsymbol{Q}]^{-1}[\boldsymbol{I}^n-\boldsymbol{Q}^n]\boldsymbol{R}$ 表示过程由非吸收态经 n 步到达吸收态的概率转移矩阵。另外，由于 n 步后过程到达非吸收态的概率趋近于零，于是当 n 趋近于无穷时，$\boldsymbol{Q}^n$ 的每个元素必趋近于零，即

$$\lim_{n \to \infty} \boldsymbol{P}^{(n)} = \begin{pmatrix} \boldsymbol{I} & \boldsymbol{O} \\ [\boldsymbol{I}-\boldsymbol{Q}]^{-1}\boldsymbol{R} & \boldsymbol{O} \end{pmatrix}$$

上式表示过程全被吸收，而 $[\boldsymbol{I}-\boldsymbol{Q}]^{-1}\boldsymbol{R}$ 的元素表示过程目前处于非吸收态，最终进入吸收态的转移概率。

记矩阵 $\boldsymbol{N} = [\boldsymbol{I}-\boldsymbol{Q}]^{-1}$，并称它为吸收马尔可夫链的基本矩阵，又称为特征量。显然，基本矩阵 $\boldsymbol{N}$ 的元素给出了过程被吸收前从一个非吸收态出发，转移到每个非吸收态的平均步（次）数。

【例 6-7】一物体做左右线性运动，每次都以 $\frac{1}{2}$ 概率向右移动一单位，或者以 $\frac{1}{2}$ 概率向左移动一单位。设置障碍后，若物体在任何时候到达这些障碍时将留在那里，如图 6-1 所示。

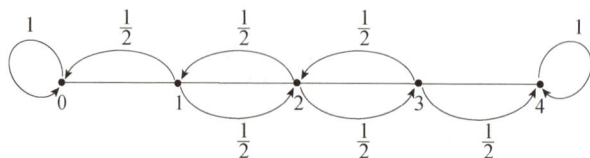

图 6-1　概率转移图

令状态为 0、1、2、3、4，即五个位置点。状态 0、4 是吸收态，其余为非吸收态，且从

其中任意一个状态到达吸收态都是可能的。因此这是吸收马尔可夫链，它的概率转移矩阵为

$$\boldsymbol{P} = \begin{array}{c} \\ 0 \\ 1 \\ 2 \\ 3 \\ 4 \end{array} \begin{array}{ccccc} 0 & 1 & 2 & 3 & 4 \\ \begin{pmatrix} 1 & 0 & 0 & 0 & 0 \\ \frac{1}{2} & 0 & \frac{1}{2} & 0 & 0 \\ 0 & \frac{1}{2} & 0 & \frac{1}{2} & 0 \\ 0 & 0 & \frac{1}{2} & 0 & \frac{1}{2} \\ 0 & 0 & 0 & 0 & 1 \end{pmatrix} \end{array}$$

通过矩阵的初等变换，将概率转移矩阵转化为标准型，得

$$\boldsymbol{P} = \begin{array}{c} \\ 0 \\ 4 \\ 1 \\ 2 \\ 3 \end{array} \begin{array}{ccccc} 0 & 4 & 1 & 2 & 3 \\ \left(\begin{array}{cc|ccc} 1 & 0 & 0 & 0 & 0 \\ 0 & 1 & 0 & 0 & 0 \\ \hline \frac{1}{2} & 0 & 0 & \frac{1}{2} & 0 \\ 0 & 0 & \frac{1}{2} & 0 & \frac{1}{2} \\ 0 & \frac{1}{2} & 0 & \frac{1}{2} & 0 \end{array} \right) \end{array}$$

$$\boldsymbol{Q} = \begin{pmatrix} 0 & \frac{1}{2} & 0 \\ \frac{1}{2} & 0 & \frac{1}{2} \\ 0 & \frac{1}{2} & 0 \end{pmatrix}, \quad 于是 \ \boldsymbol{I} - \boldsymbol{Q} = \begin{pmatrix} 1 & -\frac{1}{2} & 0 \\ -\frac{1}{2} & 1 & -\frac{1}{2} \\ 0 & -\frac{1}{2} & 1 \end{pmatrix}。$$

下面求 $\boldsymbol{I} - \boldsymbol{Q}$ 的逆矩阵为

$$\begin{pmatrix} 1 & -\frac{1}{2} & 0 & 1 & 0 & 0 \\ -\frac{1}{2} & 1 & -\frac{1}{2} & 0 & 1 & 0 \\ 0 & -\frac{1}{2} & 1 & 0 & 0 & 1 \end{pmatrix} \rightarrow \begin{pmatrix} 1 & -\frac{1}{2} & 0 & 1 & 0 & 0 \\ 0 & \frac{3}{4} & -\frac{1}{2} & \frac{1}{2} & 1 & 0 \\ 0 & -\frac{1}{2} & 1 & 0 & 0 & 1 \end{pmatrix}$$

$$\rightarrow \begin{pmatrix} 1 & -\frac{1}{2} & 0 & 1 & 0 & 0 \\ 0 & 1 & -\frac{2}{3} & \frac{2}{3} & \frac{4}{3} & 0 \\ 0 & -\frac{1}{2} & 1 & 0 & 0 & 1 \end{pmatrix} \rightarrow \begin{pmatrix} 1 & 0 & -\frac{1}{3} & \frac{4}{3} & \frac{2}{3} & 0 \\ 0 & 1 & -\frac{2}{3} & \frac{2}{3} & \frac{4}{3} & 0 \\ 0 & 0 & \frac{2}{3} & \frac{1}{3} & \frac{2}{3} & 1 \end{pmatrix}$$

$$\rightarrow \begin{pmatrix} 1 & 0 & 0 & \frac{3}{2} & 1 & \frac{1}{2} \\ 0 & 1 & 0 & 1 & 2 & 1 \\ 0 & 0 & \frac{2}{3} & \frac{1}{3} & \frac{2}{3} & 1 \end{pmatrix} \rightarrow \begin{pmatrix} 1 & 0 & 0 & \frac{3}{2} & 1 & \frac{1}{2} \\ 0 & 1 & 0 & 1 & 2 & 1 \\ 0 & 0 & 1 & \frac{1}{2} & 1 & \frac{3}{2} \end{pmatrix}$$

得

$$N = [I - Q]^{-1} = \begin{pmatrix} \dfrac{3}{2} & 1 & \dfrac{1}{2} \\ 1 & 2 & 1 \\ \dfrac{1}{2} & 1 & \dfrac{3}{2} \end{pmatrix}$$

由 N 可知，从状态 2 出发，在吸收之前到达状态 1 的平均步数为 1，到达状态 2 的平均步数为 2，到达状态 3 的平均步数为 1。

若将 N 中某行所有元素相加，就可以从某非吸收态出发，在被吸收前到达各非吸收态的平均步数之和。这个值就是从该非吸收态出发到吸收态时步数的平均数。这一结论可以具体描述为：对于一个具有非吸收态的吸收马尔可夫链，令 x 是有 s（非吸收态个数）个分量为 1 的列向量，则向量 $t = Nx$ 具有的各个分量分别是从各个相应的非吸收态出发到吸收态时的平均步数。

由

$$t = Nx = \begin{pmatrix} \dfrac{3}{2} & 1 & \dfrac{1}{2} \\ 1 & 2 & 1 \\ \dfrac{1}{2} & 1 & \dfrac{3}{2} \end{pmatrix} \begin{pmatrix} 1 \\ 1 \\ 1 \end{pmatrix} = \begin{pmatrix} 3 \\ 4 \\ 3 \end{pmatrix}$$

可见，从状态 1 开始到吸收态的平均步数为 3，从状态 2 开始到吸收态的平均步数是 4，从状态 3 开始到吸收态的平均步数也是 3。根据题意得，从状态 2 转移至吸收态 0 或 4 需要经过状态 1 或 3，显然，从状态 2 开始比从状态 1 或 3 开始需要多一步。

下面来计算一个吸收马尔可夫链从某非吸收态开始最终进入吸收态的概率。根据一步转移矩阵可推得 n 步转移矩阵 $P^{(n)}$。若令 b_{ij} 是一个吸收马尔可夫链从非吸收态 i 开始将在状态 j 被吸收的概率，令 B 是元素 b_{ij} 的矩阵，可得 $B = NR$。

从非吸收态 i 转移到吸收态 j，可以是一步转移，转移概率是 p_{ij}，也可以通过中间状态，先从 i 到 k（非吸收态），再到 j，此时可得

$$b_{ij} = p_{ij} + \sum_{k} p_{ik} b_{kj}$$

矩阵形式表示为

$$B = R + QB$$
$$(I - Q)B = R$$
$$B = (I - Q)^{-1} R = NR$$

根据题意得

$$B = NR = \begin{pmatrix} \dfrac{3}{2} & 1 & \dfrac{1}{2} \\ 1 & 2 & 1 \\ \dfrac{1}{2} & 1 & \dfrac{3}{2} \end{pmatrix} \begin{pmatrix} \dfrac{1}{2} & 0 \\ 0 & 0 \\ 0 & \dfrac{1}{2} \end{pmatrix} = \begin{pmatrix} \dfrac{3}{4} & \dfrac{1}{4} \\ \dfrac{1}{2} & \dfrac{1}{2} \\ \dfrac{1}{4} & \dfrac{3}{4} \end{pmatrix}$$

于是，从状态 1 出发，可知在状态 0 被吸收的概率为 $\frac{3}{4}$，在状态 4 被吸收的概率为 $\frac{1}{4}$；从状态 2 出发，可知在状态 0 被吸收的概率为 $\frac{1}{2}$，在状态 4 被吸收的概率为 $\frac{1}{2}$；从状态 3 出发，可知在状态 0 被吸收的概率为 $\frac{1}{4}$，在状态 4 被吸收的概率为 $\frac{3}{4}$。

综上所述，矩阵 N 给出了依赖开始状态的过程被吸收前到每个非吸收态的平均步数；列向量 $t = Nx$ 给出了依赖开始状态到吸收前的平均步数；矩阵 $B = NR$ 给出了依赖开始状态到每个吸收态被吸收的概率。

【例 6-8】商业银行不良贷款分析。我国中央银行对商业银行的贷款按风险程序划分为 5 个等级。N1（关注贷款）、N2（次级贷款）、N3（可疑贷款）、N4（损失贷款）、N5（正常贷款），其中 N1、N2、N3 属于非吸收态，N4、N5 属于吸收态。

假设某银行当前贷款全额为 800 万元，其中 N1 为 400 万元，N2 为 120 万元，N3 为 280 万元。根据隔月账面变化情况分析，得到该银行各类贷款的概率转移矩阵为

$$\boldsymbol{P} = \begin{array}{c} \\ \text{N1} \\ \text{N2} \\ \text{N3} \\ \text{N4} \\ \text{N5} \end{array} \begin{array}{ccccc} \text{N1} & \text{N2} & \text{N3} & \text{N4} & \text{N5} \\ \begin{pmatrix} 0.3 & 0.3 & 0 & 0 & 0.4 \\ 0.15 & 0.25 & 0.3 & 0 & 0.3 \\ 0.1 & 0.1 & 0.3 & 0.35 & 0.15 \\ 0 & 0 & 0 & 1 & 0 \\ 0 & 0 & 0 & 0 & 1 \end{pmatrix} \end{array}$$

令 $\boldsymbol{Q} = \begin{pmatrix} 0.3 & 0.3 & 0 \\ 0.15 & 0.25 & 0.3 \\ 0.1 & 0.1 & 0.3 \end{pmatrix}$，$\boldsymbol{R} = \begin{pmatrix} 0 & 0.4 \\ 0 & 0.3 \\ 0.35 & 0.15 \end{pmatrix}$，$\boldsymbol{I} = \begin{pmatrix} 1 & 0 \\ 0 & 1 \end{pmatrix}$。

下面根据所给信息，预测贷款状态变化和变化趋势。

1）计算特征向量

【程序代码】

```
from numpy import *
import numpy as np
Q=mat([[0.3,0.3,0],[0.15,0.25,0.3],[0.1,0.1,0.3]])
A=np.eye(3)-Q
N=A.I
print(N)
```

【运行结果】

```
[[1.61764706 0.68627451 0.29411765]
 [0.44117647 1.60130719 0.68627451]
 [0.29411765 0.32679739 1.56862745]]
```

特征量 $\boldsymbol{N} = \begin{pmatrix} 1.618 & 0.686 & 0.294 \\ 0.441 & 1.601 & 0.686 \\ 0.294 & 0.327 & 1.569 \end{pmatrix}$。

各种状态贷款转化为 N4 或 N5 的平均时间为

$$T = NC = \begin{pmatrix} 1.618 & 0.686 & 0.294 \\ 0.441 & 1.601 & 0.686 \\ 0.294 & 0.327 & 1.569 \end{pmatrix}\begin{pmatrix} 1 \\ 1 \\ 1 \end{pmatrix} = \begin{pmatrix} 2.598 \\ 2.728 \\ 2.190 \end{pmatrix}$$

根据计算可知，N1 转化为 N4 或 N5 的平均时间为 2.598 期，N2 转化为 N4 或 N5 的平均时间为 2.728 期，N3 转化为 N4 或 N5 的平均时间为 2.190 期。

2）计算矩阵 B

【程序代码】

```
from numpy import *
import numpy as np
N=mat([[1.618,0.686,0.294],[0.441,1.601,0.686],[0.294,0.327,1.569]])
R=mat([[0,0.4],[0,0.3],[0.35,0.15]])
B=N*R
print(B)
```

【运行结果】

```
[[0.1029  0.8971 ]
 [0.2401  0.7596 ]
 [0.54915 0.45105]]
```

结果，b_{i1} 表示 Ni 类贷款转化为 N4 的概率，b_{i2} 表示 Ni 类贷款转化为 N5 的概率。例如，N1 有 10.29%的可能转化为 N4，有 89.71%的可能转化为 N5，其余依次类推。

3）计算最终 N4 和 N5 的数量

【程序代码】

```
from numpy import *
import numpy as np
B=mat([[0.1029,0.8971],[0.2401,0.7596],[0.54915,0.45105]])
A=mat([400,120,280])
C=A*B
print(C)
```

【运行结果】

```
[[223.734 576.286]]
```

根据计算结果可以预测，在 800 万元的贷款中，有 224 万元最终会形成 N4，不能收回，剩余的 576 万元可以收回。

6.3 隐马尔可夫链

隐马尔可夫模型最早成功的使用场景是语音识别，后来陆续成功地应用在中文分词、机器翻译、拼写错误、手写体识别、图像处理、基因序列分析等很多计算机领域，目前被用于股票预测和投资。这是因为数据是人工标记的，这种方法是有监督的训练方法。人是无法确定产生某个语音的状态序列的，因此无法标注训练模型的数据。而在另外一些应用中，虽然标注数据是可行的，但是成本非常高。例如，训练中英机器翻译的模型需要大量中英对照的语料，还要把中英文的词组一一对应起来，这个成本非常高。

6.3.1 隐马尔可夫链简介

隐马尔可夫模型是统计模型，用来描述一个含有隐含未知参数的马尔可夫过程。它的状态不能直接观察，但能通过观测向量序列观察，每个观测向量都通过某些概率密度分布表现为各种状态，每个观测向量都由一个具有相应概率密度分布的状态序列产生。

隐马尔可夫链基于两个基本假设：齐次马尔可夫性假设（当前隐状态只依赖前一状态）、观测独立性假设（观测只依赖当前状态）。

假设有三个不同的骰子。第一个骰子有 6 个面，称为 D6，每个面（1，2，3，4，5，6）出现的概率是 1/6。第二个骰子有 4 个面，称为 D4，每个面（1，2，3，4）出现的概率是 1/4。第三个骰子有 8 个面，称为 D8，每个面（1，2，3，4，5，6，7，8）出现的概率是 1/8，如图 6-2 所示。假设我们开始掷骰子，先从三个骰子里挑一个，挑到每个骰子的概率都是 1/3。然后掷骰子，得到一个数字，是 1，2，3，4，5，6，7，8 中的一个。不停重复上述过程，会得到一串数字，每个数字都是 1，2，3，4，5，6，7，8 中的一个。

例如，掷骰子 10 次，可能得到这么一串数字：1，6，3，5，2，7，3，5，2，4。

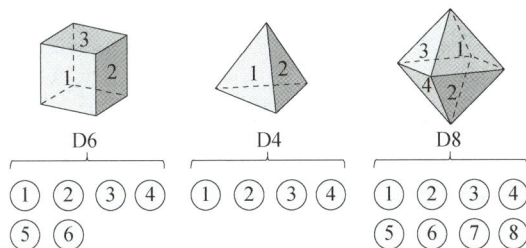

图 6-2 隐马尔可夫链示例图

得到的数字序列既与选出的骰子有关，又与投掷出现的数字有关。因而计算出现一串数字 1，6，3，5，2，7，3，5，2，4 的概率要考虑两个方面，这就形成了一个隐马尔可夫链。

6.3.2 隐马尔可夫链应用举例

中文分词是自然语言处理中一个最基础的问题，就是一段话怎么切分。

"今天的天气怎么样？"，可以分成"今天的/天气/怎么样/？"。

中文分词是一个较难的问题，不同的分法会产生不同的语意效果。

例如，"南京市长江大桥"可以分为"南京市/长江/大桥"，也可分为"南京\市长\江大桥"。

由于机器是自动分词，基于词典的词匹配。这就需要不断进行词典更新，不断更新分词语境。词典需要人工不停录入，否则无法识别新词。

使用隐马尔可夫模型进行分词，它的思想就是将句子的每个字都看作一个观测，而这个观测都有一个状态，共有 4 种：B（词语的开头字）、E（词语的结束字）、M（词语的中间字）、S（单字成词）。

状态转移共 8 种：(B to M),(B to E),(M to M),(M to E),(E to B),(E to S),(S to S),(S to B)，如 B 我/S 想/S 去/S 乌/B 鲁/M 木/M 齐/E。

对于一个句子，当我们可以找到每个字对应的状态时，就得到了状态序列，如一句话的状态序列是 BEBEBMEBEBMEBES，分词只能在 E 或 S 处切割，所以分词后得到 BE/BE/BME/BE/BME/BE/S，对应原始句子相同位置进行切分即可。

分词效果的好坏不能单单以是否符合人类分词的结果评判，因为不同的人对同一个文本的切分结果可能存在或多或少的差异。

分词的颗粒度：不同的领域对分词的颗粒度要求不同。在机器翻译中，颗粒度较大翻译效果会较好。例如，"美利坚合众国"不应该按照更细的颗粒度拆分为"美利坚""合""众国"，因为"美利坚合众国"有对应的英文——United States of America。

但是在搜索引擎中，小的颗粒度一般更加合适，如果用户想搜索"清华大学"，那么当用户输入"清华"的时候，应当展示清华大学的相关搜索结果。

目前的分词技术已经比较成熟，有着优越的准确率和速度，对于 Python，有一个基于隐马尔可夫模型的第三方库 jieba，可以很好地完成分词任务。

jieba 库支持三种分词模式。

精确模式：试图将句子最精确地切开，适合文本分析；

全模式：把句子所有可以成词的词语都扫描出来，速度非常快，但是不能解决歧义；

搜索引擎模式：在精确模式的基础上，对长词进行细分，提高召回率，适用于搜索引擎分词。

jieba.cut 方法接受三个输入参数：需要分词的字符串；cut_all 参数用来控制是否采用全模式；HMM 参数用来控制是否使用 HMM 模型。

jieba.cut_for_search 方法接受两个参数：需要分词的字符串；是否使用 HMM 模型。该方法适用于搜索引擎构建倒排索引的分词，颗粒度比较小。

待分词的字符串可以是 unicode 或 UTF-8 字符串，也可以是 GBK 字符串 jieba.lcut_for_search

jieba.cut 及 jieba.lcut_for_search 返回的结构都是一个可迭代的 generator，可以使用 for 循环来获得分词后得到的每个词语。

jieba.lcut 及 jieba.lcut_for_search 直接返回 list。

【例 6-9】分词程序。

【程序代码】

```
import jieba
seg_list = jieba.cut("我来到南京信息职业技术学院", cut_all=True)
print("全模式: " + "/ ".join(seg_list))
# 全模式
seg_list = jieba.cut("我来到南京信息职业技术学院", cut_all=False)
print("精确模式: " + "/ ".join(seg_list))
# 精确模式
seg_list = jieba.cut("他来到了南京紫金山山顶")  # 默认是精确模式
print("默认模式: "+"/ ".join(seg_list))
seg_list = jieba.cut_for_search("小明硕士毕业于清华大学")  # 搜索引擎模式
print("搜索引擎模式: "+"/ ".join(seg_list))
```

【运行结果】

```
全模式：我/ 来到/ 南京/ 信息/ 职业/ 技术/ 学院
Prefix dict has been built successfully
精确模式：我/ 来到/ 南京/ 信息/ 职业/ 技术/ 学院
默认模式：他/ 来到/ 了/ 南京/ 紫金山/ 山顶
搜索引擎模式：小明/ 硕士/ 毕业/ 于/ 清华/ 华大/ 大学/ 清华大学
```

实验 6　马尔可夫分析

1. 实验目的

（1）掌握马尔可夫模型。
（2）了解隐马尔可夫模型的稳定状态。
（3）掌握编程求解马尔可夫模型。

2. 实验要求

（1）程序实现马尔可夫模型。
（2）理解如何利用马尔可夫模型进行分析。

3. 实验步骤

1）问题提出

若某汽车出租公司在火车站、机场、旅店三个地点附近设有停车场。顾客可由火车站、机场、旅店三处打出租车，出租车送走旅客后，可以回到火车站、机场、旅店三处候客。根据过去的统计资料，出租车在三处的往返关系的概率转移矩阵如下：

		返回		
		火车站	机场	旅店
租车	火车站	0.8	0.2	0
	机场	0.2	0	0.8
	旅店	0.2	0.2	0.6

若该公司想选择一处设汽车保养场，应设于何处较好？

2）问题分析

从上面的概率转移矩阵可以知道：从火车站开出的出租车有 80% 回到火车站，有 20% 回到机场，没有回到旅店的，其他概率的含义也是这样。现在要决定汽车保养场应设于何处较好，就是要知道该公司在经过长期经营以后，集结在何处的出租车较多？

这就是一个求固定的概率向量问题，即马尔可夫问题。可以通过建立马尔可夫模型，确定集结在何处的出租车最多。

设 z_1、z_2、z_3 分别代表在火车站、机场、旅店三处的出租车份额，则

$$(z_1, z_2, z_3) = \begin{pmatrix} 0.8 & 0.2 & 0 \\ 0.2 & 0 & 0.8 \\ 0.2 & 0.2 & 0.6 \end{pmatrix}$$

$$\begin{cases} 0.8z_1 + 0.2z_2 + 0.2z_3 = z_1 \\ 0.2z_1 + 0.2z_3 = z_2 \\ 0.8z_2 + 0.6z_3 = z_3 \\ z_1 + z_2 + z_3 = 1 \end{cases}$$

即

$$\begin{cases} -z_1 + z_2 + z_3 = 0 \\ 0.2z_1 - z_2 + 0.2z_3 = 0 \\ z_1 + z_2 + z_3 = 1 \end{cases}$$

3）程序实现

【程序代码】

```python
import numpy as np
A=np.array([[-0.1,0.1,0.1],[0.2,-1,0.2],[1,1,1]])
b=np.array([0,0,1])
x=np.linalg.solve(A,b)
print(x)
```

【运行结果】

```
[0.5        0.16666667 0.33333333]
```

根据运行结果分析：经过长期往返运送旅客以后，将有 50% 的出租车集中在火车站，因此汽车保养场应设在火车站。

练习 6

1. 采用精确模式分词：我学习的是人工智能技术应用专业。

2. 采用搜索引擎模式分词：北京大学和清华大学是大家公认的中国最好的两所大学。

3. 现有三家连锁快捷酒店住客的流向统计规律如下。

甲品牌保持其顾客的 80%，丧失 5% 给乙，丧失 15% 给丙；

乙品牌保持其顾客的 90%，丧失 10% 给甲，没有丧失顾客给丙；

丙品牌保持其顾客的 60%，丧失 20% 给甲，丧失 20% 给乙。

问最终各品牌顾客的占额分别是多少？是否存在倒闭的可能？

4. 在本年 1 月 1 日，A、B、C 三家面包店分别占有本地市场份额的 40%、40% 和 20%。根据市场研究，A 店保留其顾客的 90%，增得 B 的 5%，增得 C 的 10%；B 店保留其顾客的 85%，增得 A 的 5%，增得 C 的 7%；C 店保留其顾客的 83%，增得 A 的 5%，增得 B 的 10%。在明年 1 月 1 日，每家店的市场分享率将是多少？在平衡时各店的市场分享率是多少？

练习 6　参考答案

第 7 章　插值与回归

在人工智能领域，常有这样的问题：给定一批数据点，需要确定满足特定要求的曲线或曲面。如果要求所求曲线（面）通过所给的所有数据点，这就是插值问题；在数据较少的情况下，这样做能取得较好的效果。但是，如果数据较多，那么插值函数就是一个次数很高的函数，比较复杂。同时，给定的数据一般由观察测量获得，往往带有随机误差，因而，要求曲线（面）通过所有数据点既不现实又不必要。如果不要求曲线（面）通过所有数据点，而要求它反映对象整体的变化趋势，则可得到更简单实用的近似函数，这就是数据回归，又称为曲线回归或曲面回归。函数插值与曲线回归都是要根据一组数据构造一个函数作为近似，由于近似的要求不同，二者在数学方法上完全不同。

7.1　插值

在人工智能应用领域，常用函数 $y = f(x)$ 来表示某种内在规律的数量关系，这些函数是多种多样的，其中一部分函数是通过实验或观测得到的。但在某个实际问题中，虽然可以断定所考虑的函数 $f(x)$ 在区间 $[a,b]$ 上是存在的，有的还是连续的，但却难以找到它的解析表达式，只能得到区间 $[a,b]$ 上一系列点 x_i 的函数值 $y_i = f(x_i)$ $(i = 1, 2, \cdots, n)$。显然，通过这些观测点的取值情况直接求出其他点上的函数值可能是非常困难的。

表 7-1 给出了某些点的函数值。

表 7-1　某函数值

x	0	1	2	3	4	5	6
$f(x)$	0	0.8	0.9	0.1	−0.7	−0.9	−0.2

插值让我们能够估算中间点的函数值，如 $x = 2.5$。插值有很多种不同的方法，根据具体应用选择合适的算法，算法的选择主要考虑插值方法准确度、计算成本、平滑性，以及后续数据点的多少等因素。

此时为了研究函数的变化规律及求出不在表上的函数值，总希望根据给定的观测点取值来构造一个既能反映函数 $f(x)$ 的特性，又便于计算的简单函数 $P(x)$ 作为 $f(x)$ 的近似。通常选一类较简单的函数，如代数多项式或分段代数多项式作为 $P(x)$，并使 $P(x_i) = f(x_i)$ $(i = 1, 2, \cdots, n)$ 成立。称 $P(x)$ 为插值函数。

插值函数 $P(x)$ 的取法不同，所求得的 $P(x)$ 逼近 $f(x)$ 的效果就不同。它的选择取决于实际应用上的需要。常用的有代数多项式、三角多项式和有理函数等。

当选用代数多项式作为插值函数时，称 $P(x)$ 为插值多项式，相应的插值法称为多项式插值；若 $P(x)$ 为分段多项式，则称为分段插值；若 $P(x)$ 为三角多项式，则称为三角插值。

下面重点讨论多项式插值。

在多项式插值中，最常见、最基本的问题是求一个次数不超过 n 的代数多项式

$$P_n(x) = a_0 + a_1 x + \cdots + a_n x^n$$

要求

$$P_n(x_i) = y_i (i = 0, 1, \cdots, n)$$

式中，$a_0, a_1, \cdots, a_n$ 为待定实数；x_i、y_i 意义同前，称为函数 $f(x)$ 在点 x_i $(i = 0, 1, \cdots, n)$ 处的 n 次插值多项式。

7.1.1 最近邻插值

最简单的插值方法是找到最近的数据值，并分配相同的值，称为分段插值，也称为最近邻插值，如图 7-1 所示。

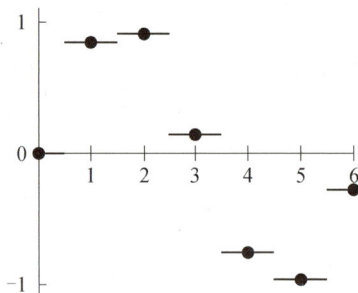

图 7-1 最近邻插值

这种方法简单但很粗糙，适用面不广。

7.1.2 线性插值

2.5 介于 2 和 3 之间，所以 $f(2.5)$ 的取值可能在 $f(2) = 0.9$ 和 $f(3) = 0.1$ 之间，取二者的平均值，得到 $(0.9+0.1)/2 = 0.5$。这种插值方法称为线性插值，如图 7-2 所示。

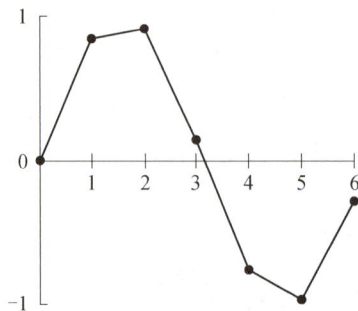

图 7-2 线性插值

一般地，如果只有两个观察点，此时可以建立一阶线性插值多项式。假定已知区间 $[x_k, x_{k+1}]$ 端点处的函数值 $y_k = f(x_k)$，$y_{k+1} = f(x_{k+1})$，要求线性插值多项式 $L_1(x)$，使它满足

$$L_1(x_k) = y_k, \quad L_1(x_{k+1}) = y_{k+1}$$

从几何上，通过两点(x_k, y_k)与(x_{k+1}, y_{k+1})的次数不超过 1 的多项式是一条直线，如图 7-3 所示。

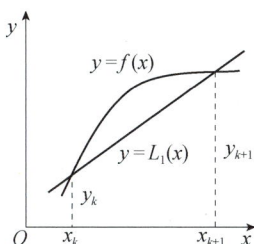

图 7-3　两点插值

通过点斜式或两点式，写出相应的线性表达式

$$L_1(x) = y_k + \frac{y_{k+1} - y_k}{x_{k+1} - x_k}(x - x_k) \quad （点斜式）$$

$$L_1(x) = \frac{x_{k+1} - x}{x_{k+1} - x_k} y_k + \frac{x - x_k}{x_{k+1} - x_k} y_{k+1} \quad （两点式）$$

由两点式可以看出，$L_1(x)$是由两个线性函数

$$l_k(x) = \frac{x_{k+1} - x}{x_{k+1} - x_k}, \quad l_{k+1}(x) = \frac{x - x_k}{x_{k+1} - x_k}$$

线性组合得到的，其系数分别为y_k和y_{k+1}，即

$$L_1(x) = y_k l_k(x) + y_{k+1} l_{k+1}(x)$$

显然，$l_k(x)$及$l_{k+1}(x)$也是线性插值多项式，在点x_k及x_{k+1}上满足

$$l_k(x_k) = 1, \quad l_k(x_{k+1}) = 0, \quad l_{k+1}(x_k) = 0, \quad l_{k+1}(x_{k+1}) = 1$$

称函数$l_k(x)$及$l_{k+1}(x)$为线性插值基函数，它们的图形如图 7-4 所示。

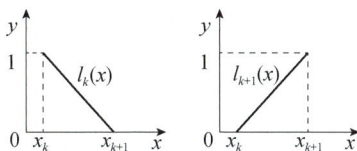

图 7-4　线性插值基函数图形

【例 7-1】在区间[0,1]上进行线性插值。

Pandas 中有个非常重要的线性插值函数 interpolate()，nan 表示缺值。

【程序代码】

```
import pandas as pd
import numpy as np
#一数值中缺两个值
da=pd.DataFrame(data=[0,np.nan,np.nan,1])
#利用线性插值函数进行插值补全
da.interpolate()
```

【运行结果】

```
0
0    0.000000
1    0.333333
2    0.666667
3    1.000000
```

7.1.3   抛物线插值

假定插值节点为 x_{k-1}、x_k、x_{k+1}，要求多项式 $L_2(x)$ 满足

$$L_2(x_j) = y_j \ (j = k-1, k, k+1)$$

由于 $L_2(x)$ 为通过函数 $y = f(x)$ 上的三点 (x_{k-1}, y_{k-1})、(x_k, y_k)、(x_{k+1}, y_{k+1}) 的抛物线，因而这种插值称为抛物线插值，又称为二次插值或三点插值，如图 7-5 所示。

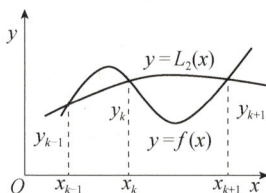

图 7-5   抛物线插值

为了求出 $L_2(x)$ 的表达式，可采用基函数方法，此时基函数 $l_{k-1}(x)$、$l_k(x)$ 及 $l_{k+1}(x)$ 是二次函数，且在节点上满足

$$\begin{cases} l_{k-1}(x_{k-1}) = 1, l_{k-1}(x_j) = 0 \ (j = k, k+1) \\ l_k(x_k) = 1, l_k(x_j) = 0 \quad (j = k-1, k+1) \\ l_{k+1}(x_{k+1}) = 1, l_{k+1}(x_j) = 0 \ (j = k-1, k) \end{cases}$$

下面求 $l_{k-1}(x)$，因为它有两个零点 x_k 及 x_{k+1}，故可表示为

$$l_{k-1}(x) = A(x - x_k)(x - x_{k+1})$$

式中，A 为待定系数，可由条件 $l_{k-1}(x_{k-1}) = 1$ 求出

$$A = \frac{1}{(x_{k-1} - x_k)(x_{k-1} - x_{k+1})}$$

于是

$$l_{k-1}(x) = \frac{(x - x_k)(x - x_{k+1})}{(x_{k-1} - x_k)(x_{k-1} - x_{k+1})}$$

同理得

$$l_k(x) = \frac{(x - x_{k-1})(x - x_{k+1})}{(x_k - x_{k-1})(x_k - x_{k+1})}$$

$$l_{k+1}(x) = \frac{(x - x_{k-1})(x - x_k)}{(x_{k+1} - x_{k-1})(x_{k+1} - x_k)}$$

抛物线插值基函数 $l_k(x)$、$l_k(x)$ 及 $l_{k+1}(x)$ 在区间 $[x_{k-1}, x_{k+1}]$ 上的图形如图 7-6 所示。

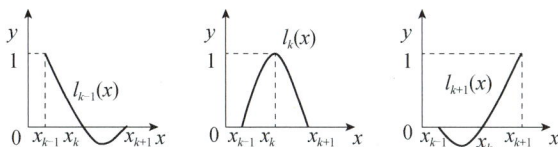

图 7-6　抛物线插值基函数图形

通过抛物线插值基函数 $l_{k-1}(x)$、$l_k(x)$ 及 $l_{k+1}(x)$，得到抛物线插值多项式

$$L_2(x) = y_{k-1}l_{k-1}(x) + y_k l_k(x) + y_{k+1}l_{k+1}(x)$$

显然，它满足插值条件 $L_2(x_j) = y_j$ $(j = k-1, k, k+1)$。将上面求得的 $l_{k-1}(x)$、$l_k(x)$ 及 $l_{k+1}(x)$ 代入上式，得到

$$L_2(x) = y_{k-1}\frac{(x-x_k)(x-x_{k+1})}{(x_{k-1}-x_k)(x_{k-1}-x_{k+1})} + y_k\frac{(x-x_{k-1})(x-x_{k+1})}{(x_k-x_{k-1})(x_k-x_{k+1})}$$
$$+ y_{k+1}\frac{(x-x_{k-1})(x-x_k)}{(x_{k+1}-x_{k-1})(x_{k+1}-x_k)}$$

【例 7-2】抛物线插值。

【程序代码】

```python
import numpy as np
from scipy import interpolate
import pylab as pl
x=np.linspace(0,10,11)
y=np.sin(x)
xnew=np.linspace(0,10,101)
pl.plot(x,y,"ro")
f=interpolate.interp1d(x,y,kind="quadratic")
ynew=f(xnew)
pl.plot(xnew,ynew)
pl.show()
```

【运行结果】

运行结果如图 7-7 所示。

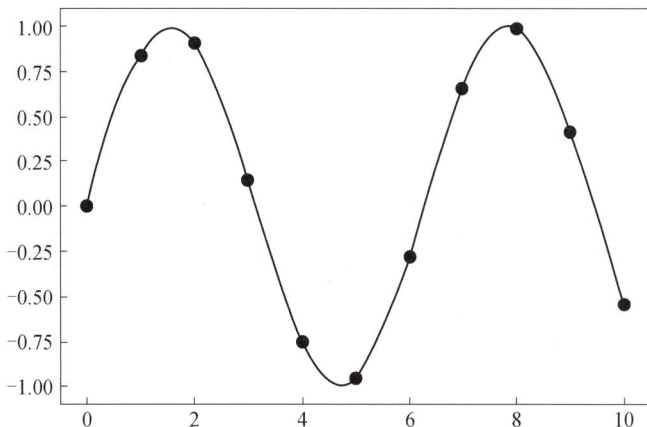

图 7-7　抛物线插值图

7.1.4 拉格朗日插值

构造过 $n+1$ 个互异节点 $x_0, x_1, \cdots, x_n$，并满足

$$L_n(x_j) = y_j \quad (j = 0,1,\cdots,n)$$

的 n 次插值多项式 $L_n(x)$，称为拉格朗日插值。

用类似的线性插值和抛物线插值推导方法可得到 n 次插值基函数为

$$l_k(x) = \frac{(x-x_0)\cdots(x-x_{k-1})(x-x_{k+1})\cdots(x-x_n)}{(x_k-x_0)\cdots(x_k-x_{k-1})(x_k-x_{k+1})\cdots(x_k-x_n)} \quad (k = 0,1,\cdots,n)$$

拉格朗日插值多项式可表示为

$$L_n(x) = \sum_{k=0}^{n} y_k l_k(x)$$

由 $l_k(x)$ 的定义知

$$L_n(x_j) = \sum_{k=0}^{n} y_k l_k(x_j) = y_j \quad (j = 0,1,\cdots,n)$$

记

$$\omega_{n+1}(x) = \prod_{j=0}^{n}(x-x_j) = (x-x_0)(x-x_1)\cdots(x-x_n)$$

容易求得

$$\omega'_{n+1}(x_k) = (x_k-x_0)\cdots(x_k-x_{k-1})(x_k-x_{k+1})\cdots(x_k-x_n)$$

$L_n(x)$ 可改写为

$$L_n(x) = \sum_{k=0}^{n} y_k \frac{\omega_{n+1}(x)}{(x-x_k)\omega'_{n+1}(x_k)}$$

注意：拉格朗日插值多项式 $L_n(x)$ 通常是次数为 n 的多项式，在特殊情况下次数可能小于 n。例如，通过三点 (x_{k-1}, y_{k-1})、(x_k, y_k)、(x_{k+1}, y_{k+1}) 的抛物线插值多项式 $L_2(x)$，若三点共线，则 $L_2(x)$ 是一条直线，而不是抛物线，这时 $L_2(x)$ 是一次的。

【例7-3】构造拉格朗日插值多项式。

【程序代码】

```
from scipy.interpolate import lagrange
x=[1,2,3,4,5,0]
y=[1,2,2,6,-1,-1]
a=lagrange(x,y)
#输出拉格朗日插值多项式
print(a)
#输出拉格朗日插值多项式在1,2,3处的值
print(a(1),a(2),a(3))
```

【运行结果】

```
     5       4       3       2
-0.2083 x + 2.292 x - 8.542 x + 12.21 x - 3.75 x - 1
```

```
1.0 1.9999999999999982 1.9999999999999867
```

7.1.5　各类插值方法的比较

算法上还有多种插值方法，它们各有优劣，有的计算量较大，有的不收敛，有的不光滑可导。

常见插值方法有三类：多项式插值、分段插值、样条插值。

其中，多项式插值又分为线性插值、拉格朗日插值和牛顿插值。

拉格朗日插值：当节点数 n 较大时，拉格朗日插值多项式的次数较高，可能出现不一致的收敛情况，而且计算复杂。随着样点增加，高次插值会带来误差的震动现象，称为龙格现象。

牛顿插值：其优点是在计算时，高一级的插值多项式可利用前一次插值的结果，是拉格朗日插值的改进。

分段插值：虽然收敛，但光滑性较差。

样条插值：使用一种名为样条的特殊分段多项式进行插值。由于样条插值可以使用低阶多项式样条实现较小的插值误差，避免了使用高阶多项式所出现的龙格现象，所以样条插值得到了广泛应用。

一维插值可以推广到多维插值。

通过调用 scipy 中的 interp1d()函数可实现各类插值方法的计算。

【例 7-4】一维插值比较。

【程序代码】

```python
import numpy as np
from scipy import interpolate
import pylab as pl
x=np.linspace(0,10,11)
y=np.cos(x)
xnew=np.linspace(0,10,101)
pl.plot(x,y,"ro")
pl.rcParams['font.sans-serif']=['SimHei']  #指定默认字体
pl.rcParams['axes.unicode_minus']=False  #解决负数坐标显示问题 #x 值
a=["nearest","slinear","quadratic","cubic"]
b=["阶梯插值","线性插值","2 阶样条插值","3 阶样条插值"]
for k,v in zip(a,b):#插值方式
    f=interpolate.interp1d(x,y,kind=k)
    ynew=f(xnew)
    pl.plot(xnew,ynew,label=str(v))
pl.legend()
pl.show()
```

【运行结果】

运行结果如图 7-8 所示。

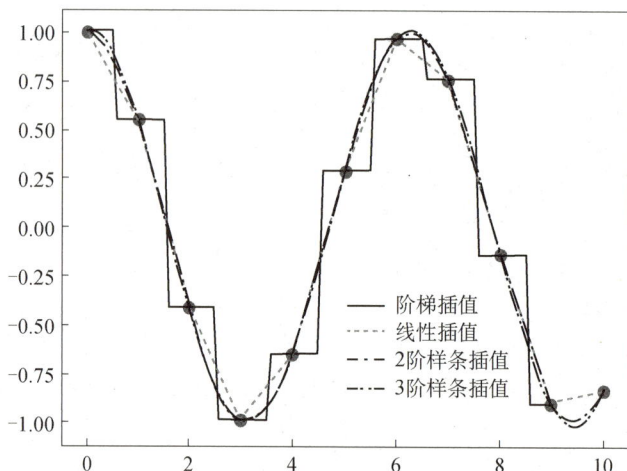

图 7-8　一维插值比较

7.1.6　二维插值

二维插值基于一维插值的思想，但它是对两个变量的函数 $z = f(x, y)$ 进行插值。

求解二维插值的基本思路是：构成一个二元函数 $z = f(x, y)$，通过全部已知节点，即 $f(x_i, y_j) = z_{ij}$ $(i = 0, 1, 2, \cdots, m,\ j = 1, 2, \cdots, n)$，利用 $f(x, y)$ 进行插值，即 $z^* = f(x^*, y^*)$。

常见的二维插值可分为两种：网格节点插值和散乱数据插值。

网格节点插值适用于数据点比较规范的情况，即在所给范围内，数据点落在一些平行的直线组成的矩形网格的每个顶点上；散乱数据插值适用于一般的数据点，多用于数据点不太规范的情况。

1. 网格节点插值

已知 $m \times n$ 个节点 (x_i, y_j, z_{ij}) $(i = 0, 1, 2, \cdots, m,\ j = 1, 2, \cdots, n)$，其中 x_i、y_j 互不相等，不妨设 $a < x_1 < x_2 < \cdots < x_m = b$，$c < y_1 < y_2 < \cdots < y_n = d$，求任意插值点 (x^*, y^*) 处的插值。

网格节点插值有以下几种形式。

1）最邻近点插值

二维或高维情形的最邻近点插值，与被插值点最邻近的节点的所求函数值，如图 7-9（a）所示。

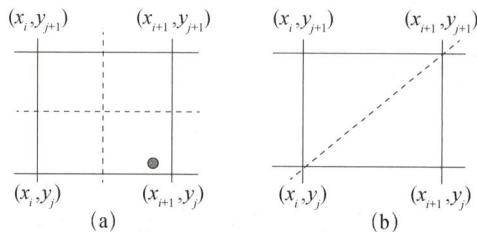

图 7-9　网格节点插值

2）分片线性插值

将四个插值点（矩形的四个顶点）处的函数值［见图 7-9（b）］依次简记为

$$f(x_i, y_j) = f_1, \ f(x_{i+1}, y_j) = f_2, \ f(x_{i+1}, y_{j+1}) = f_3, \ f(x_i, y_{j+1}) = f_4$$

分两片的函数表达式如下。

第一片（下三角形区域）：(x, y) 满足

$$y \leqslant \frac{y_{j+1} - y_j}{x_{i+1} - x_i}(x - x_i) + y_j$$

插值函数为

$$f(x, y) = f_1 + (f_2 - f_1)(x - x_i) + (f_3 - f_2)(y - y_j)$$

第二片（上三角形区域）：(x, y) 满足

$$y > \frac{y_{j+1} - y_j}{x_{i+1} - x_i}(x - x_i) + y_j$$

插值函数为

$$f(x, y) = f_1 + (f_3 - f_4)(x - x_i) + (f_4 - f_1)(y - y_j)$$

2. 散乱数据插值

在 $T = [a,b] \times [c,d]$ 上散乱分布着 N 个点，在 $V_k = (x_k, y_k)$ $(k = 1, 2, \cdots, N)$ 处给出数据 z_k，要求寻找 T 上的二元函数 $f(x, y)$，使 $f(x_k, y_k) = z_k$ $(k = 0, 1, 2, \cdots, N)$。

通常采用"距离倒数加权平均"方法。在非给定数据点处，定义其函数值由已知数据按与该点距离的远近加权平均决定。记

$$r_k = \sqrt{(x - x_k)^2 + (y - y_k)^2}$$

二元函数定义为

$$f(x, y) = \begin{cases} z_k, & r_k = 0 \\ \sum\limits_{k=1}^{N} w_k(x, y) z_k, & \text{其他} \end{cases}$$

式中

$$w_k(x, y) = \frac{1}{r_k^2} \Big/ \sum_{k=1}^{N} \frac{1}{r_k^2}$$

【例 7-5】二维插值。

【程序代码】

```
import numpy as np
from mpl_toolkits.mplot3d import Axes3D
import matplotlib as mpl
from scipy import interpolate
import matplotlib.cm as cm
import matplotlib.pyplot as plt
def func(x, y):
    return (x+y)*np.exp(-5.0*(x**2 + y**2))
x = np.linspace(-1, 1, 20)
y = np.linspace(-1,1,20)
```

```
x, y = np.meshgrid(x, y)
fvals = func(x,y)
fig = plt.figure(figsize=(9, 6))
#Draw sub-graph1
ax=plt.subplot(1, 2, 1,projection = '3d')
surf = ax.plot_surface(x, y, fvals, rstride=2, cstride=2)
ax.set_xlabel('x')
ax.set_ylabel('y')
ax.set_zlabel('f(x, y)')
#二维插值
newfunc = interpolate.interp2d(x, y, fvals, kind='cubic')
# 计算100*100的网格上的插值
xnew = np.linspace(-1,1,100)
ynew = np.linspace(-1,1,100)
fnew = newfunc(xnew, ynew)
xnew, ynew = np.meshgrid(xnew, ynew)
ax2=plt.subplot(1, 2, 2,projection = '3d')
surf2 = ax2.plot_surface(xnew, ynew, fnew, rstride=2, cstride=2)
ax2.set_xlabel('xnew')
ax2.set_ylabel('ynew')
ax2.set_zlabel('fnew(x, y)')
plt.show()
```

【运行结果】

运行结果如图 7-10 所示。

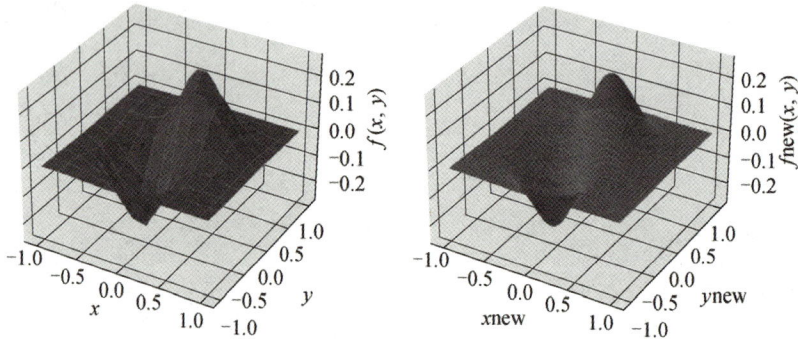

图 7-10　二维插值

【例 7-6】通过 cv2.resize()方法实现插值。

opencv 库中已对各类插值方法进行了封装，通过 cv2.resize()方法来实现。

cv2.resize(src, dsize[, fx[, fy[, interpolation]]])，其中 src 表示源数据，dsize 表示目标尺寸，fx、fy 表示缩放因子，interpolation 用来表明采用的插值方法。

【程序代码】

```
import cv2
import numpy as np
```

```
from matplotlib import pyplot as plt
plt.rcParams['font.sans-serif']=['SimHei']  #指定默认字体
#随机生成一张图片用于测试插值方法
img = np.uint8(np.random.randint(0,255,size=(10,10)))
height,width = img.shape
#设定通过插值之后图片的 size
new_dimension = (50,50)
def img_draw_subplot(subplot_position,img,title_name,cmap):
    plt.subplot(subplot_position)
    plt.title(title_name)
    plt.imshow(img,cmap)
def image_interpolation(img,new_dimension,inter_method):
    inter_img = cv2.resize(img,new_dimension,interpolation=inter_method)
    return inter_img
#设置 cmap
cmap = "gray"
#最近邻插值
nearest_img = image_interpolation(img,new_dimension,cv2.INTER_NEAREST)
#双线性插值,resize 函数默认的插值方法
linear_img = image_interpolation(img,new_dimension,cv2.INTER_LINEAR)
img_draw_subplot(131,img,"原图",cmap=cmap)
img_draw_subplot(132,nearest_img,"最近邻插值",cmap=cmap)
img_draw_subplot(133,linear_img,"双线性插值",cmap=cmap)
plt.show()
```

【运行结果】

运行结果如图 7-11 所示。

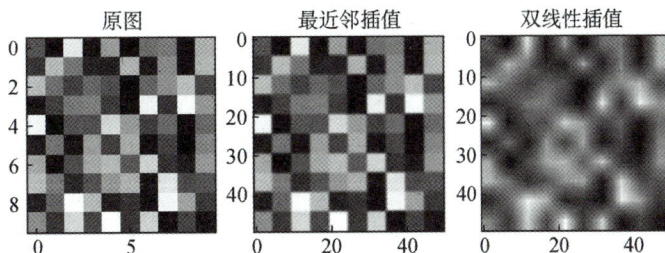

图 7-11　通过 cv2.resize()方法实现插值

7.2　回归

人工智能的回归问题属于有监督学习的范畴。回归问题的目标是给定 n 维输入 X，并且每个输入 X 都有对应的值 Y，要求对于新的数据预测其对应的连续目标值。当输入变量 X 的值发生变化时，输出变量 Y 的值也随之发生变化。输出由一个或多个连续变量组成，称该过程为回归。

若待定函数是线性的，则称为线性回归，否则称为非线性回归。表达式也可以是分段函数，在这种情况下称为样条回归。

插值是通过已知的离散数据求未知数据的过程或方法，根据已知数据求解任意点的数据，原始函数通常是未知的，或者太复杂以至于难以计算。插值的目的是希望得到一个插值函数来逼近原始函数。回归是根据采样、实验等方法获得的若干离散数据得到一个连续的函数。二者之间的关系是：插值是曲线必须通过已知点的拟合，要求曲线必须通过所有已知样本点；而回归并不严格要求曲线通过所有已知样本点。

因而回归本质上也是一个最优化问题。

7.2.1 线性回归

回归模型中最常见是线性回归，即求一次多项式

$$y = ax + b$$

满足

$$\min \sum_{i=1}^{m} [y(x_i) - y_i]^2$$

所采用的方法为最小二乘法。

式中

$$a = \frac{\sum_{i=1}^{n}(x_i - \overline{x})(y_i - \overline{y})}{\sum_{i=1}^{n}(x_i - \overline{x})^2}, \quad b = \overline{y} - a\overline{x}$$

$$\overline{x} = \frac{1}{n}\sum_{i=1}^{n} x_i, \quad \overline{y} = \frac{1}{n}\sum_{i=1}^{n} y_i$$

【例 7-7】利用最小二乘法求解一元线性回归模型。

【程序代码】

```
import matplotlib.pyplot as plt
import numpy as np
x=[0.50, 0.75, 1.00, 1.25, 1.50, 1.75, 1.75,2.00, 2.25, 2.50, 2.75,
3.00, 3.25, 3.50, 4.00]
y=[10, 22, 13, 43, 20, 22, 33, 50, 62,48, 55, 75, 62, 73, 81]
n=15
s1=0
s2=0
s3=0
s4=0
for i in range(n):
    s1 = s1 + x[i]*y[i]
    s2 = s2 + x[i]
    s3 = s3 + y[i]
    s4 = s4 + x[i]*x[i]
b = (s2*s3-n*s1)/(s2*s2-s4*n)    #最小二乘法获取系数的公式
```

```
a = (s3 - b*s2)/n      #最小二乘法获取系数的公式
plt.scatter(x,y,color = 'blue')
x=np.linspace(0,6,10)
y=b*x+a
plt.plot(x,y,color="red")
print("最佳拟合线：截距", a, ",回归系数： ", b)
print('Y = '+str(b)+' X + '+ str(a))
plt.show()
```

【运行结果】

```
最佳拟合线：截距 0.8030634573304117，回归系数：20.691466083150985
Y = 20.691466083150985 X + 0.8030634573304117
```

运行结果如图 7-12 所示。

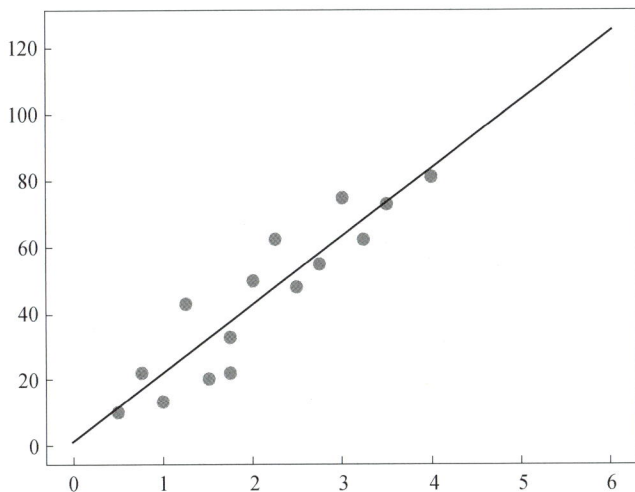

图 7-12　线性回归

7.2.2　多项式回归

假设有已知数据 (x_i, y_i) $(i = 1, 2, \cdots, m)$，现求一个 n 次多项式 $f_n(x) = \sum_{k=0}^{n} a_k x^k$，使得 $\sum_{i=1}^{m} [y_i - f_n(x_i)]^2$ 最小。

不难看出，以上多项式最小二乘回归问题就是求解关于 a_i $(i = 0, 1, 2, \cdots, n)$ 的超定方程组

$$\sum_{k=0}^{n} a_k x_i^k = y_i \quad (i = 1, 2, \cdots, m)$$

的最小二乘解问题。

【例 7-8】设多项式函数 $y = 2x^3 - 7x^2 + 5x + 0.2$，对自变量 x 进行间隔为 0.05 的采样，并在对应的 y 值上加上范围为[-1,1]的随机数，产生一组新的实验数据，利用新的实验数据进行编程，实现三次多项式回归。

注意：在 Python 中实现多项式回归主要使用 numpy.polyfit 方法，numpy.polyld 得到多项式系数。其中，numpy.polyfit(datax,datay,n)：参数 n 为回归（拟合多项式次数）。

【程序代码】

```
import numpy as np
import matplotlib.pyplot as plt
from pylab import mpl
plt.rcParams['font.sans-serif']=['SimHei'] #指定默认字体
plt.rcParams['axes.unicode_minus']=False #解决负数坐标显示问题 #x 值
x=np.arange(-1,1,0.05) #y 为原始函数
y=2*x**3-7*x**2+5*x+0.2 #y1 为加噪声的拟合数据
y1=y+2*(np.random.rand(len(x))-0.5) #用三次多项式拟合
z1=np.polyfit(x,y,3)
print(z1) #生成多项式对象
pl=np.poly1d(z1)
ppl=pl(x)
plt.plot(x,y,color='g',linestyle='-',marker=' ',label=u'原始曲线')
plt.plot(x,y1,color='m',linestyle=' ',marker="o",label=u'回归数据')
plt.legend(loc='lower right')
plt.show()
plt.clf()
plt.plot(x,y1,color='m',linestyle='',marker='o',label=u'回归数据')
plt.plot(x,ppl,color='b',linestyle='-',marker='.',label=u'回归曲线')
plt.legend(loc='lower right')
plt.show()
```

【运行结果】

```
[ 2  -7   5   0.2]
```

运行结果如图 7-13 所示。

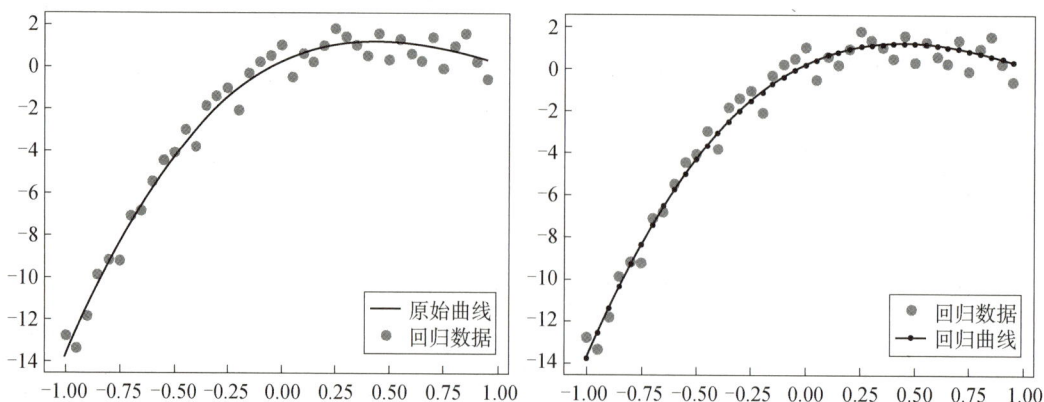

图 7-13 多项式回归

7.2.3 非线性回归

除了线性回归、多项式回归，根据数据的特征，还可以建立其他回归，如双曲线模型、

幂函数模型、指数函数模型、对数函数模型等。具体使用何种模型，主要分析数据呈现的大致趋势，并通过误差分析，确定数据模型及参数。除此之外，人工智能算法中还有 K 近邻回归、决策树回归、支持向量机回归等。

实验 7　回归与预测

1. 实验目的

（1）掌握插值与回归的基本原理。
（2）了解如何进行数据预测。
（3）掌握编程实现数据回归与预测。

2. 实验要求

（1）理解 Python 如何实现回归。
（2）理解如何利用回归模型进行预测。

3. 实验步骤

（1）数据准备。某电子厂测得导线在温度为 t_i 时的电阻值 r_i 如表 7-2 所示，找出电阻值 r 与温度 t 的关系，并预测温度在 55℃、60℃ 时的电阻值。

表 7-2　电阻值

i	1	2	3	4	5	6	7
t_i(℃)	19.1	25.0	30.1	36.0	40.0	45.1	50.0
r_i(Ω)	76.30	77.8	79.25	80.80	82.35	83.90	85.10

（2）确定模型。绘制所得数据的散点图，如图 7-14 所示。

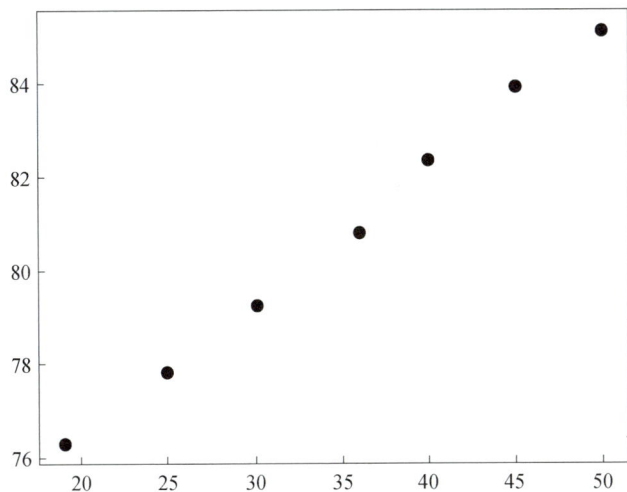

图 7-14　散点图

由散点图可知，数据间的关系近似于一元线性关系，故选用一元线性回归模型。

【程序代码】

```
import matplotlib.pyplot as plt
import numpy as np
t=[19.1,25.0,30.1,36.0,40.0,45.1,50.0]
r=[76.30,77.8,79.25,80.80,82.35,83.90,85.10]
plt.scatter(r,t,color = 'blue')
```

（3）模型求解。

【程序代码】

```
import matplotlib.pyplot as plt
import numpy as np
from sklearn import linear_model
model = linear_model.LinearRegression()
x=[19.1,25.0,30.1,36.0,40.0,45.1,50.0]
y=[76.30,77.8,79.25,80.80,82.35,83.90,85.10]
x = np.array(x).reshape(-1,1)
y = np.array(y).reshape(-1,1)
model.fit(x, y)
a = model.coef_  #斜率
b= model.intercept_  #截距
print("斜率为:",a)
print("截距为:",b)
c=np.array([55,60]).reshape(-1,1)
p = model.predict(c)  #预测 x 为 55,60 时，y 的值
print(p)
```

【运行结果】

```
斜率为：[[0.29145559]]
截距为：[[70.57227769]]
[[86.60233513]
 [88.05961307]]
```

由此可得，电阻值 r 与温度 t 的关系为 $t = 0.29145559r + 70.57227769$。

温度在 55℃、60℃ 时的电阻值分别为 86.60233513(Ω)、88.05961307(Ω)。

练习 7

1. 某人进行静脉注射一次注入该药物 300mg 后，在一定时刻 t 内采集血药，测得血药浓度 c 如表 7-3 所示。

表 7-3　血药浓度

t(h)	0.25	0.5	1	1.5	2	3	4	6	8
c (μg / ml)	19.21	18.15	15.36	14.10	12.89	9.32	7.45	5.24	3.01

估计 8.5h 后的血药浓度。

2. 在化工生产中，常常需要知道丙烷在各种温度 T 和压力 P 下的导热系数 K，实验得到的一组数据如表 7-4 所示。

表 7-4　导热系数

$T(℃)$	68	68	87	87	106	106	140	140
$P(10^3kN/m^2)$	9.7981	13.324	9.0078	13.355	9.7918	14.277	9.6563	12.463
K	0.0848	0.0897	0.0762	0.0807	0.0696	0.0753	0.0611	0.0651

试求 $T = 99℃$ 和 $P=10.3×10^3kN/m^2$ 下的 K。

3. 用给定的多项式 $y = x^3 - 6x^2 + 5x - 3$，在[-10,10]以间隔为 0.1 产生一组数据 (x_i, y_i) $(i=1,2,\cdots,n)$，在 y_i 上添加随机干扰，用 x_i 和添加随机干扰的 y_i 做三次多项式拟合，并与原系数进行比较。

4. 已知观察点(2,3)、(4,5)、(5,8)、(6,3)、(7,4)，求通过这些观察点的拉格朗日插值多项式。

5. 设多项式函数 $y = x^4 + x^3 - 2x^2 + 5x + 8$，对自变量 x 进行间隔为 0.05 的采样，并在对应的 y 值上加上范围为[-1,1]的随机数，产生一组新的实验数据，利用新的实验数据进行编程实现四次多项式回归。

练习7　参考答案

参考文献

［1］李航. 统计学习方法[M]. 北京：清华大学出版社，2012.

［2］张良均，谭立云，刘名军，等. Python 数据分析与挖掘实践[M]. 第 2 版. 北京：机械工业出版社，2019.

［3］杨和稳. 人工智能算法研究与应用[M]. 南京：东南大学出版社，2021.

［4］余本国. Python 数据分析与可视化案例教程[M]. 北京：人民邮电出版社，2022.

［5］万欣，夏火松，吴江，等. 大数据分析与挖掘[M]. 北京：电子工业出版社，2022.

［6］周志华. 机器学习[M]. 北京：清华大学出版社，2016.

［7］刘艳，韩龙哲，李沫沫，等. Python 机器学习[M]. 北京：清华大学出版社，2022.

［8］张秋燕，彭年斌. 微积分与数学模型[M]. 北京：科学出版社，2015.